写给中学生的
计算机文化

陈 勇　王丽丽　刘毅然　王鸣九　王奇伟　编著

U0350613

上海科技教育出版社

图书在版编目（CIP）数据

写给中学生的计算机文化 / 陈勇等编著. —上海：
上海科技教育出版社，2018.12（2019.8重印）
ISBN 978-7-5428-6790-2

Ⅰ.①写… Ⅱ.①陈… Ⅲ.①电子计算机—基本知识
Ⅳ.①TP3

中国版本图书馆CIP数据核字（2018）第161118号

责任编辑 韩 露 王丹丹
封面设计 李梦雪

写给中学生的计算机文化

陈勇 王丽丽 刘毅然 王鸣九 王奇伟 **编著**

出版发行 上海科技教育出版社有限公司
　　　　　　（上海市柳州路218号 邮政编码200235）
网　　址 www.sste.com　www.ewen.co
经　　销 各地新华书店
印　　刷 常熟市文化印刷有限公司
开　　本 787×1092　1/16
印　　张 14.5
版　　次 2018年12月第1版
印　　次 2019年8月第2次印刷
书　　号 ISBN 978-7-5428-6790-2/G·3903
定　　价 68.00元

序

　　电子计算机自诞生以来，在不到百年的时间里取得了大量的科技成果。人们对科技成果的价值甚为清楚，但是对成果中的思想方法却不够重视。人们不关心计算机做着怎样的工作，也不关心信息系统存在怎样的规则才使计算机运行得如此高效而有序，人们感兴趣的只是如何使用计算机，导致给予计算机真正的认识与尊重较少。

　　计算机只是提高效率的工具吗？互联网只是如电力一般的基础设施吗？答案当然是否定的，它们都只是技术成果，是技术的外在呈现形式，而非技术本身。海德格尔早就指出：把技术看作工具或者手段的传统立场无法触及技术的本质，工具只是技术的功能角色之一，技术在人类实践中的角色和内涵要比工具广泛和深刻得多。跳出实用主义的工具论立场，计算机科学的基础概念是什么？如果回答是算法，那么我们有可能又会被带回传统认识的老路上，也即"计算机科学＝程序设计"。幸运的是，近年来越来越多的专家学者开始关注计算机的本质，认识到计算机这门学科不仅是一门枯燥的工程技术学科，还是一门富有创造性的科学学科，尤其是从计算的角度重新审视自身学科的问题，这种对本质的认识在科技界和教育界萌发、激荡和蔓延，焕发出面向新时代和新技术的崭新面貌。

　　本书从计算机科学教育者的视角出发，提供了一种理解计算机系统、计算机网络、人工智能等技术的新思路，展示了计算机科学迷人的一面。陈勇老师带领的上海世界外国语中学信息科技教研组在日常的工作中总是有独到的见解，并能将这些认识在课堂教学中实践和验证，展现了对计算机科学教育的深刻理解。科学技术呼唤"理解"科学技术的人才，对待科学技术知识不但要有横向的了解，还要有纵向的理解。

本书追根溯源，介绍计算机科学家和工程师，包括他们的名言和故事，读起来令人兴趣盎然。还用时间线的方式，将技术发展历程中的重要事件和里程碑梳理出来，沿着这条线索，可以清楚地看到技术发展的脉络，看到科学家的智慧是如何推动技术进步的。成为一个领域的成功科学家有其偶然性，也有其必然性，那就是科学家们的思维方法。时间线呈现了科学技术发展的真实过程，科技史不仅包括科学家和工程师们的成功史，还包括大量的失败事件。德国哲学家韦伯尔曾讲过："在每一历史事件背后，必须有一种精神。"王江民自强不息的精神、蒂姆·伯纳斯·李发明万维网技术后共享的精神等故事都淹没在时间的长河中，我们有幸在本书中看到这些珍珠被再次串起。科学技术发展的艰辛历程和敢于创新、不怕失败的科学精神是沟通科学文化与人文文化的载体，它立足于过去与未来、自然与社会的交叉点上，通过了解科技进步的过程，理解科学技术与社会的互动关系，体会人类文明与进步的脉动，掌握某一单门学科或某一项技术所不能带来的人文精神。帕斯卡、巴贝奇、图灵、冯·诺依曼等科学家的研究精神，他们面对问题时的远见，他们解决问题中迸发的智慧，都能打动我们的心灵，启发我们思考。

体验活动是本书的一个特色，通过操作和体验来感悟技术要领，结合"问与答"，给读者清晰的指引。"公司的力量"中的公司故事更像是一个个传奇，由一个个不起眼的技术开始，曲径通幽，渐渐落英缤纷，突然峰回路转，天地开阔，如河出伏，一泻汪洋，也许转眼又会大起大落。公司推动技术进步的力量令人赞叹，也给读者理解技术如何为人类提供价值带来深刻的启示。

人工智能来了，普通公众看到的是智能应用的魅力，科技公司看到的是大势所趋的必然，传统行业看到的是产业升级的潜力，国家层面看到的是技术革命的未来。中小学信息科技教师应该看到什么呢？学者吴正己认为，理想的信息科技课程应该回归到教育本质去思考：到底这一门课对学生现在及未来的发展有什么帮助？应该教些什么才能让学生终生受用？计算机已经像空气和水一样融入日常生活中，它既平常而普通，又深刻而广阔，我们对计算机从实用主义角度思考得过多，对计算机科学中蕴含的文化却意识淡薄。本书再次唤醒我们对计算机科学的认识，跟随作者的思考来重新审视对计算机科学的理解和认知。希望有越来越多的人能真正理解计算机科学的来处，共同思考未来的前景。希望有越来越多的教师能致力于深化对计算机科学的理解，为计算机科学在中小学的教育提供新的方法。

　　作为一名从事中小学信息科技教研工作的教育工作者，我一直和作者一样在思考如何让学生能真正欣赏和热爱计算机科学，这将有助于他们深入理解自己所学知识的价值，激发他们成长为人工智能时代所需要的人才。博观而识优劣，视野宽阔了，就更能看到计算机领域天地之广阔。本书知识覆盖面广，通俗易懂，作者从一线教学实践者的视角出发，对深奥的技术进行了深入浅出的阐述，大大降低了理解的难度，因此很适合学生阅读。我相信，大家一定能通过对本书熠熠生辉的科学家故事来理解有独特创见的技术思想，看到其中的智慧和艰难困苦，感受独特的计算机文化。本书的思路和探讨非常宝贵，是一本值得推荐的好书。

上海市教育委员会教学研究室　张汶
2018 年 8 月

写给读者的话

历史总是充满着有趣的现象：一个物理学家而不是计算机专家发明了网络中最为绚烂多彩的 Web 网页；大名鼎鼎的 Linux 操作系统实际出自一个在校学生之手；中国第一款杀毒软件由一位 38 岁才开始学计算机、只具备初中学历的残疾人开发；世界上大量从事加密和解密技术的人，不是计算机专家，而是数学家。诸如此类的有趣现象，在信息技术发展过程中时常出现。

每一次信息技术的变革都改变着人们的生活方式、学习方式和工作方式，推动着时代的前进。计算机文化融入了人类的想法，它不仅是人类智慧的产物，也体现了社会的进步和文化的发展。作为一名一线教师，笔者一直对计算机文化很感兴趣，总能感觉到信息科技作为一门年轻的学科，走在时代最前沿，不断有新理念、新技术、新知识产生，无论对于学生还是对于教师，都有一股无形的吸引力，给予他们探求未知事物的力量。信息科技自身的文化价值也是本学科的魅力所在。多年来，笔者一直在学习、了解计算机文化，不断尝试将计算机文化融入学校课程。在实践过程中，笔者被计算机文化的独特魅力深深折服，萌生写一本适合一线教师和学生阅读的关于计算机文化的书的愿望。寄望本书之于学生，有助于其开拓其信息科技学科的视野，感受信息科技的魅力；寄望本书之于教师，有助于其对信息科技课程相关内容的理解与重构。

从本书中可以读到

本书围绕与计算机相关的知识内容，共分为 7 章、14 节。纵览全书，各章节之间的内容相对独立，主要有以下几个方面的内容：

- ◆ 信息技术与信息安全
- ◆ 计算机与外部感知
- ◆ 计算机与信息存储
- ◆ 计算机与程序语言
- ◆ 计算机与信息处理
- ◆ 计算机与网络
- ◆ 计算机与人工智能

为了充分体现文化性，本书每节从六个版块展开（"时间线""体验活动""概述""走进名人堂""公司的力量""问与答"），从不同角度来描述主题背后的故事、原理、技术等，以揭示现象背后技术所产生的影响。

如何使用这本书

本书既可以作为自学读本，也可以作为信息科技课程的补充读物。教师在指导学生学习时，并不需要深入讲解专业的计算机知识。学生只要掌握基本的计算机知识和拥有一颗学习新知识的心·即可完成书中所有的体验活动。

本书每节都有"问与答"环节，它们是学习的关键部分。提出并回答这些问题是希望读者对前面学习的知识进行深度思考，辨证认识技术的力量和影响。

著名的计算机科学家迪科斯彻曾经说过"计算机科学不只是关于计算机，正如天文学不只是望远镜"，希望本书能帮助读者拓展视野，更好地理解计算机科学。让我们一起来享受计算机文化的乐趣！

目录

第一章

信息技术　改变生活

　　如今，计算机已渗透到生活与工作的各个方面，给生产与生活带来便捷，并改变人们的思维方式。随着应用领域的细化，计算机不断在发展变化，除了个人计算机，还涌现出很多应用于特殊领域的高性能计算机，可以判定，未来还将出现新型计算机。以计算机技术为代表的现代信息技术发展日新月异，每天都推出新工具、新技术和新创意。在跟上技术发展的脚步之前，不妨先来了解其发展历程和演变过程，了解其原理和规律。

　　信息技术带领人类走进了信息社会，它提供了获取信息、利用信息的途径和工具，改变了我们的生活。信息技术带来了很多便利，也引发了一系列新问题，例如个人信息泄露等。如何既能积极掌握并应用信息科技知识，又能够具备更好的生存和适应能力，值得每一个人思考。

　　看上去我们已经到达了利用计算机技术可能获得的极限了，尽管下这样的结论得小心，因为不出五年这听起来就会相当愚蠢。

　　　　　　　　　　　　　　　　　　　　　　——冯·诺伊曼

Andy gives, Bill takes away。①

　　　　　　　　　　　　　　　　　　　　　　——安迪比尔定理

- -

　　① Andy 指英特尔前 CEO 安迪·格鲁夫（Andy Grove），Bill 指微软前 CEO 比尔·盖茨（Bill Gates），这句话的意思是：硬件提高的性能，很快被软件消耗掉了。

第一节　计算机技术

　　计算机被认为是 20 世纪最重要的科技发明。如今，台式计算机、笔记本电脑、平板电脑等计算机已经走进千家万户，融入社会生活的方方面面，成为信息时代人们工作、生活不可缺少的工具。第一代电子计算机的体积非常庞大，性能也比较单一，只能在特定的领域内发挥作用。当前普遍使用的计算机是在第一代电子计算机的基础上不断发展而来的，不仅外观多样，功能也非常强大。计算机功能之所以能如此强大，背后离不开计算机技术的不断发展。

 时间线

计算机发展过程中的重大事件

1976 年
史蒂夫·乔布斯（Steve Jobs）和斯蒂夫·沃兹尼亚克（Stephen Wozniak）发明了第一台苹果计算机 Apple

1946 年
世界上第一台通用计算机 ENIAC 出现

1984 年
苹果公司推出的 Macintosh 计算机采用了图形用户界面

1937 年
世界第一台电子数字计算设备阿塔纳索夫-贝瑞计算机（Atanasoff-Berry Computer，简称 ABC 计算机）出现

1981 年
国际商业机器公司（IBM）推出 IBM PC，表明 IBM 进入个人计算机市场

1957 年
第一个使用磁盘进行外部存储的计算机 IBM 305 RAM AC 出现

1996 年
美国机器人公司推出了 Palm Pilot——一款高性价比的掌上电脑（PDA）

配置不同需求的家用计算机

　　计算机已历经了 70 多年的发展。70 余年在人类的历史长河中只是一瞬间，然而计算机却在短短的时间内彻底改变了我们的生活。如今，各行各业的人都在使用计算机处理生活、工作中的各项事务。不同年龄、不同职业的用户对计算机的需求不同。下面，让我们一起根据需求来选购合适的计算机配件，配置一台家用计算机。

2008 年
计算机制造商开始提供固态驱动器（SSD），主要用于笔记本电脑

2012 年
微软公司宣布推出平板电脑 Surface，可运行 Windows 8 操作系统及相关应用程序

2005 年
苹果公司发布口袋大小的 iPod 便携式媒体播放器

2004 年
智能手机超过 PDA 作为大众首选的移动设备

2010 年
苹果公司发布平板电脑 iPad，一款具有 9.7 英寸多点触控屏幕的革命性移动设备

2007 年
苹果公司发布第一代 iPhone。

活动1 选购计算机硬件

1. 上网了解计算机的主要硬件及功能

一台计算机一般由以下硬件组成：CPU、内存、显卡、硬盘、机箱、主板、电源、显示器、键盘、鼠标、CPU 风扇、光驱、网卡、声卡等。

2. 了解配置对象的需求

了解配置对象需要什么功能为主的计算机，预期配置价格大概多少。计算机的使用需求会影响购买决定，下表提供了一些配机指导。

表 1-1　配机指导

需　求	购　买　建　议
处理普通任务，例如电子邮件、上网、写作业等	具有标准功能的中等价位计算机
节省费用	经济型计算机基本具有与中等价位计算机相当的处理能力，但在处理一些任务时会慢一些，为节省费用可选择经济型计算机
长期进行视频编辑或桌面出版处理	选用的计算机要具有快速处理器、大容量硬盘和显存容量充足的显卡
利用 3D 显示技术玩游戏和看电影	确保显示器支持 3D 显示功能
使用特定的外围设备	确保购买的计算机与所需要使用的外围设备兼容

3. 上网调查

上网了解笔记本电脑和台式计算机的性能指标、报价、生产厂家等，完成下页配置方案的表格。如需攒机（自己买零件组装计算机的过程），可登陆中关村在线模拟攒机网站进行模拟攒机。

注意：光驱已应用很少；网卡、声卡等都是集成在主板上，无需单独购买；

如需要无线上网，还要一个 PCI 或 USB 无线网卡。

表 1-2　配置方案

配 置 对 象			
主 要 功 能			
所 选 机 型	☐ 笔记本电脑		☐ 台式计算机
部 件 名 称	规格型号	性能指标	生产厂家及价格
价 格 总 计			

 　　组装计算机注意事项：（1）装机的时候，一定要注意不同硬件之间的兼容性问题，尤其是 CPU 和主板之间的兼容，建议 Intel CPU 用 Intel 主板，AMD CPU 用 AMD 主板。（2）CPU 和显卡要搭配均衡，不要采用高端显卡搭配低端 CPU。

　　（3）确定用途和预算，这个非常关键。比如，用于玩游戏，则最注重显卡，其次是 CPU。电源是根据显卡来选购的，越高端的显卡，所需的电源功率越高。（4）电源和主板决定了计算机的稳定性，尽量选用一线品牌。

活动 2 选择计算机应用软件

1. 阅读材料

　　阅读以下关于在一台新计算机上安装应用软件的一般过程，了解新买的计算机或者重新安装操作系统的计算机需要安装哪些软件才能满足日常需求。

　　安装应用软件的一般过程（以 Windows 操作系统的计算机为例）：

（1）安装浏览器。一台新的或者重新装好操作系统的计算机，一般自带IE浏览器。计算机中安装浏览器十分必要，因为上网都是通过浏览器实现的。常用的浏览器有 Chrome、火狐等，可根据需要选择安装。

（2）安装安全软件。对于普通用户，安装安全软件非常必要。安全软件有很多种，可以选择一个自己喜欢的进行安装。

（3）安装聊天工具。常用的聊天工具有 QQ、微信等，可根据需要选择安装。

（4）安装解压缩软件。解压缩软件是必备软件，否则，后续的应用软件安装可能会受到一定的阻碍。

（5）安装其他常用的应用软件，如视频播放软件、办公软件、音乐播放软件、输入法软件等。

2. 上网调查

上网查找不同类型的应用软件，根据活动 1 所分析的配置对象需求来配置合适的计算机应用软件，并填写下表。

表 1–3　配置应用软件

配 置 对 象	
应用软件类型	常用应用软件名称
文字处理软件	
电子表格软件	
图形图像软件	
网络通信软件	
演示软件	
信息检索软件	
个人信息管理软件	
游戏软件	
其　他	

计算机软件可以分为系统软件和应用软件两大类。没有安装任何软件的计算机称为裸机。

 概述

计 算 机

1946 年，全球首款通用的电子计算机埃尼阿克（Electronic Numerical Integrator And Computer, ENIAC）在美国诞生。埃尼阿克由四位科学家和四位工程师共同开发，全长 30.48 米，重达 30 吨，占地面积约 63 平方米。埃尼阿克非常巨大，需要两间教室大的场地才能存放。而今天的计算机却随手就能拿起，在性能、便携性、美观和个性化等方面都与当年不可同日而语。

计算机的起源

通俗地讲，计算机是一种能够自动、连续、高速地对各种信息进行存储、处理的电子设备。

创造计算机的最初灵感来自人类希望发明一台用于自动计算的工具。计算工具的发展经历了由简单到复杂、从低级到高级的过程，从"结绳记事"的绳结到算筹、算盘、计算尺、机械计算机等在不同的时期发挥了各自的作用，也积累和启发了现代电子计算机的研制思想。

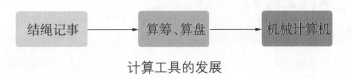

计算工具的发展

20 世纪初，有人成功地用两只三极电子管组成了具有两个稳定状态的电路，能很好地表示"0"和"1"，这一突破奠定了现代计算机二进制基础。

1936 年，英国数学家阿兰·麦度森·图灵（Alan Mathison Turing）成功地

把人的计算活动机械化，设想出理想计算机，即现代计算机的原型——图灵机。

1938年，德国工程师克兰德·楚泽（Konrad Zuse）研制成了一台机械结构的计算机。1941年，他研制出全继电器的通用程序控制计算机，该机首次采用浮点计数、二进制运算、带数字存贮地址的指令形式。

图灵机模型

楚泽研制的 Z3 计算机

第二次世界大战时，美国莫尔学院的约翰·莫希利和阿伯丁弹道实验室负责每天向陆军供应计算几百条弹道的计算数据。即使用大型"分析机"计算，一天也只能算几十条。出于军事上的需求，莫希利接受试制电子数值积分计算机的任务。1946年2月14日，世界第一台通用计算机（多个行业都可以使用）埃尼阿克诞生于美国宾夕法尼亚大学。埃尼阿克首次采用电子线路来执行算术运算、逻辑运算和储存信息，并能按人编写的程序自动进行计算，开创了计算机历史的新纪元。

EDVAC

1945年，美籍匈牙利科学家冯·诺依曼主持设计"存储程序通用电子计算机"方案，并于1952年制成，简称 EDVAC 机，通称冯·诺依曼机。它是目前电子计算机设计的基础。

计算机的发展

计算机发明后经过不断的改革和推广，其运算速度越来越快，复杂程度越来越高，体积越来越小，更新周期越来越短。就机器本身而言，计算机的发展过程可以分为以下几个阶段。

第一代计算机（1946 年—20 世纪 50 年代末），以电子管为主要元件。其特点是体积庞大、造价昂贵，运算速度每秒几千至几万次，主要用于科研。人类利用这一代电子计算机的计算，把人造卫星送上了天。

第二代计算机（1959 年—1965 年），以晶体管为主要元件。其特点是体积、重量、造价和耗电量均大大减少；可靠性和速度大大提高，运算速度为每秒几万次以上。这一阶段以 1959 年美国菲尔克公司研制的第一台大型通用晶体管计算机为标志。第二代计算机在工业上开始大量应用。

第三代计算机（1964 年—1970 年），以中小规模半导体集成电路为主要元件。其特点是体积与成本大幅度减少。这一阶段以 1964 年美国 IBM 研制成的 360 系列计算机为标志。第三代计算机在工业、军事和科研上广泛应用，并逐步走向民用。

第四代计算机从 1971 年开始，其特点是以大规模或超大规模半导体集成电路为主要元件。此时，计算机朝着两个方向发展：一是研制规模更大、速度更高、功能更强的巨型计算机，用于解决国防、宇航、地质勘探等方面的重要课题；二是研制功能强、价格低、用途广的微型计算机，用于普及计算机的应用。1971 年，Intel 公司生产出世界上第一块大规模集成电路 4004 微处理器和以它为核心的 MCS-4 微型计算机，将运算器和控制器集成在一块芯片内。1976 年，美国科学家克雷设计的巨型机获得成功。20 世纪 90 年代，微软公司继 MS-DOS 操作系统之后又开发了 Windows 系列操作系统。

表 1-4　各代计算机的主要元件

第一代	电子管
第二代	晶体管
第三代	中小规模半导体集成电路
第四代	大规模半导体集成电路
第五代	？

当前是否会出现第五代计算机尚不明确。当前的处理器采用超大规模集成电

路（VLSI），可在一块芯片上集成数以百万计的元件。智能手机和平板电脑利用VLSI将蜂窝通信技术、Wi-Fi和声音处理技术集成到一个芯片中。这项技术是否能代表第五代计算机还有待观察。

计算机技术

计算机技术即计算机领域中运用的技术方法。计算机技术具有明显的综合特性，包括计算机硬件技术和计算机软件技术等。

计算机技术主要向以下两个方向发展。

一是以硬件为主的发展方向。计算机主要硬件包括存储数据的内存和硬盘、用于核心运算处理和指令控制的CPU（中央处理器）以及鼠标、键盘、打印机、显示器等输入输出设备。硬件的变革引领着计算机技术的发展，从最早的电子管计算机到现如今的第四代计算机，每一次硬件变革都带动着整个计算机相关领域的整体更新和转变。

二是以软件为主的发展方向。计算机软件是实现相关功能的程序和文档的集合，运行在计算机硬件之上，通过操作并控制硬件接口来实现具体的功能。它是计算机的灵魂，缺了软件的计算机本身无法运行。与硬件接触最紧密的软件是操作系统软件，它通过管理内存、调度进程、控制输入输出接口等为应用软件提供良好的运行和开发环境，并提供应用程序的编程接口。

计算机技术的应用

软硬件相互结合和发展，使得计算机在各个领域中应用更加普及。计算机技术的发展不仅给社会发展带来巨大影响，也在无形中改变了人类的生产生活方式。

目前，计算机技术的应用主要体现在以下几个方面。

1. 数据管理。目前，计算机技术应用到数据管理十分普遍。据不完全统计，有超过80%的计算机应用主要是对数据进行管理，例如办公自动化、情报检索等。

2. 科学计算。现代科学研究和工

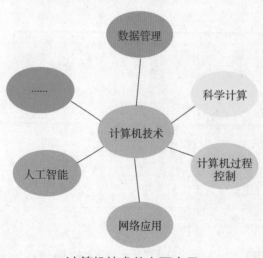

计算机技术的主要应用

程设计经常会遇到大量难度大、复杂度高的数学计算问题，如果采用人工或者一般的计算工具进行计算会十分困难。利用计算机的超强处理能力以及数据储存和大量连续运算的能力能够有效、高速地解决人力难以解决的科学和工程研究问题，例如计算卫星运行轨道、地质勘测数据等。

3. 计算机过程控制。过程控制主要是利用计算机技术对数据进行采集、分析并按照预定的目标对对象进行控制的过程。过程控制技术的应用可以明显提高自动化和智能化的水平，切实提高控制的准确性和真实性，从而提高控制的效率。目前，计算机过程控制主要应用在生产开发、机械制造、交通运输等行业中。未来，其应用范围将会进一步得到扩展。

例如 Block Ⅲ 型"战斧"巡航导弹射程为1600千米，命中精度可以达到3米以内，相对误差不足50万分之一。该导弹之所以能做到"百步穿杨"，离不开计算机过程控制。当导弹飞行到距目标约80千米的区域后，弹载摄像机开机搜索，实时拍摄下方景物，并与预先存储在弹载计算机中的目标景物照片进行比对，从而控制导弹寻找到预定的攻击目标。

"战斧"巡航导弹

4. 计算机辅助。计算机辅助技术包括计算机辅助设计（CAD）、计算机辅助制造（CAM）和计算机辅助教学（CAI）等。CAD 主要是利用计算机技术辅助人们对方案效果进行设计。CAI 是在计算机辅助下进行教学活动。CAM 是指在机械制造业中利用计算机来控制机床和设备，自动完成产品的加工、装配、检测和包装等制造过程。

5. 网络应用。计算机技术与现代通信技术的结合催生了计算机网络。计算机网络的建立不仅解决了一个单位、一个地区、一个国家中计算机之间的通信以及各种软、硬件资源的共享，也大大促进了国际间的文字、图像、视频和声音等数据的传输与处理。

6. 人工智能。人工智能是计算机模拟人类的智能活动，诸如感知、判断、理解、学习、问题求解和图像识别等。现在人工智能的研究已取得不少成果，有些开始走向实用阶段，如能模拟高水平医学专家进行疾病诊疗的专家系统和具有一定思维能力的智能机器人等。

战胜国际象棋世界冠军卡斯帕罗夫的"深蓝"（IBM 公司开发的用于下国际象棋的计算机）就是典型的人工智能应用。

卡斯帕罗夫 VS "深蓝"

四 走进名人堂

冯·诺依曼

　　冯·诺依曼天资聪慧，兴趣广泛。1926 年便以优异成绩获得布达佩斯大学数学博士学位。他在数学、经济学和计算机等领域取得了非凡成就，包括其著作《博弈论与经济行为》《计算机与人脑》。因在计算机领域作出卓越贡献，冯·诺依曼被称为"现代电子计算机之父"。他开创了现代计算机理论，其冯·诺依曼计算机体系结构一直沿用至今。

　　1903 年 12 月 28 日，匈牙利布达佩斯的一个家庭诞生了一个婴儿，这不仅给这个家庭带来了巨大的喜悦，也值得整个计算机界去纪念。这个婴儿正是

"现代电子计算机之父"，世界第一台现代意义的通用计算机EDVAC的发明者，早在20世纪40年代便已预见到计算机建模和仿真技术对当代计算机将产生深远的影响。他就是约翰·冯·诺依曼。

冯·诺依曼的父亲十分注意对孩子的教育。冯·诺依曼从小兴趣广泛，读书过目不忘。据说他6岁时就能用古希腊语同父亲闲谈，一生掌握了7种语言。1911年至1921年，冯·诺依曼在布达佩斯的卢瑟伦中学读书期间，在费克特老师的指导下，合作发表了第一篇数学论文。此时冯·诺依曼还不到18岁。1921年至1923年在苏黎世联邦工业大学学习。1926年以优异的成绩获得布达佩斯大学数学博士学位，此时冯·诺依曼年仅22岁。1927年至1929年，冯·诺依曼相继在柏林大学和汉堡大学担任数学讲师。1930年，冯·诺依曼接受了普林斯顿大学客座教授的职位，西渡美国。1931年成为美国普林斯顿大学终身教授，那时，他还不到30岁。1933年，冯·诺依曼转到该校的高级研究所，成为最初六位教授之一，并在那里工作了一生。他的工作大致可以分为两个时期：1940年以前，主要是纯粹数学的研究；1940年以后，转向应用数学的研究。如果说他的纯粹数学成就属于数学界，那么他在力学、经济学、数值分析和电子计算机方面的成果则属于全人类。

冯·诺依曼纪念邮票

从20世纪初，科学家们就在争论可以进行数值计算的机器应该采用怎样的结构。当时的人们被十进制这个人类习惯的计数方法所局限和困扰。20世纪30年代中期，冯·诺依曼大胆提出抛弃十进制，采用二进制作为数字计算机的数制基础。同时，他还提出预先编制计算程序，由计算机按照人们事前制定的计数顺序来执行数值计算工作。

1946年，ENIAC诞生后，科学家们意识到它存在两大缺点：（1）没有存储器；（2）它用布线接板进行控制，计算速度低下。此时，冯·诺依曼参加了ENIAC机研制小组。

ENIAC

在研究过程中，冯·诺依曼显示出雄厚的数学功底，充分发挥了探索问题和综合分析问题的能力。研制小组在共同讨论的基础上，发表了全新的"存储程序通用电子计算机方案"——EDVAC，明确奠定了新机器由五个部分组成，包括运算器、逻辑控制装置、存储器、输入和输出设备，并描述了这五部分的职能和相互关系。EDVAC 机有两个特点，即：（1）采用二进制，不但数据采用二进制，指令也采用二进制；（2）建立"存储程序"思想，指令和数据可一起放在存储器里，并作同样处理。这一方案简化了计算机结构，大大提高了计算机的运算速度。

之后，冯·诺依曼和同事在 EDVAC 方案的基础上为普林斯顿大学高级研究所研制 IAS 计算机时，提出了一个更加完善的设计报告《电子计算机逻辑设计初探》。

以上两份既有理论又有具体设计的文件体现出的综合设计思想形成了著名的"冯·诺依曼结构"，成为所有现代电子计算机的模板，一直沿用至今。按这一结构制造的计算机称为冯·诺依曼体系计算机。

1957 年冯·诺依曼逝世后，未完成的手稿于 1958 年以《计算机与人脑》为名出版。他的主要著作收集在六卷《冯·诺依曼》中并于 1961 年出版。无论在纯粹数学还是在应用数学研究方面，冯·诺依曼都显示了卓越的才能，取得了众多影响深远的重大成果。不断变换研究主题，常常在几种学科交叉渗透中获得成就是他的特色。

冯·诺依曼和 EDVAC 机

　　随着科学技术的发展，"冯·诺依曼结构"计算机很难再进一步提高运算速度。计算机专家们意识到了这一问题，开始设想新的计算机结构。但不可否认的是，"冯·诺依曼结构"的提出是计算机发展史上的一个里程碑，标志着电子计算机时代的真正开始。冯·诺依曼为计算机技术发展作出了伟大的贡献。

五 公司的力量

联想——永不止步

　　1984 年，中国科学院计算技术研究所的 11 位科技人员怀揣着将科研成果转化为成功产品的坚定决心创立了联想公司。联想在成长路上始终保持着永不止步的创新精神，一步步成为全球计算机市场的领导企业和富有创造力的国际化科技公司。

联想的贡献

　　在 30 多年的发展中，联想坚持不断创新，实现了许多重大技术突破，为中国计算机技术的发展和个人计算机的普及做出了重要贡献。在联想众多的创新中，有两项特别值得铭记。

联想第一款自主研发的个人计算机

一是推出可将英文操作系统转换为中文操作系统的"联想汉卡"。20 世纪 80 年代，个人计算机刚刚传入中国时无法进行汉字录入。很多研究单位都致力于解决汉字信息处理的问题。中科院计算所研发成功"联想式汉卡"，即"联想汉卡"，成为联想公司最初的主要产品，为华人解决了计算机使用汉字的难题，推动了微型计算机在中国的迅速普及和应用。

二是推出了自主品牌的个人计算机（Personal Computer, PC）。1990 年，联想发布了第一款自主品牌的个人计算机 Legend PC，吸引了数以百万计对计算机科技还不怎么熟悉的中国消费者。这一产品的推出使联想获得了商业上的首次真正成功，也进一步促进了个人计算机的普及。

20 世纪 90 年代后期，联想开始进一步提升，并期望成为国际公认的大品牌。1997 年，联想选择与美国微软公司合作。2005 年，联想收购了美国 IBM 公司的 PC 部门，成为全球第三大 PC 制造商，此后又接管了 IBM 的 X86 服务器业务。2014 年，联想收购美国摩托罗拉公司的移动设备部门，上升到全球第三大智能手机制造商的位置。

"联想"的名字

联想的英文名最初为"legend"（传奇），后改为"Lenovo"，"Le"来自"legend"，"novo"来自拉丁语"nova"（新的）。名字体现了联想不断进取的创新精神。

1984 年图标

2003 年图标

联想图标变迁

2015 年，联想亮出品牌全新图标与标语。全新图标更加清爽、简洁。其全新标语"Never Stand Still"的中文意思蕴含"永不止步"或"从不故步自封"。新图标和新标语表达了联想品牌积极应对挑战，向互联网转型的决心，以及继续前进、拓展国际化市场的态度。

2015 年的联想图标

 问与答

1. 冯·诺依曼结构计算机是否会被取代？

如果说图灵奠定的是计算机的理论基础，那么冯·诺依曼则是将图灵的理论物化成为实体，成为计算机体系结构的奠基者。从第一台冯·诺依曼计算机诞生到今天已经将近 70 年，计算机的技术与性能都发生了巨大的变化，但计算机主流结构依然是冯·诺依曼结构。

冯·诺依曼结构的思想是：采用二进制，硬件由五个部分组成（运算器、控制器、存储器、输入设备和输出设备）；提出了"存储程序"原理，使用同一个存储器，经由同一个总线传输，程序和数据统一存储，并且在程序控制下自动工作。冯·诺依曼结构中，计算模块和存储单元是分离的，CPU 在执行命令时必须先从存储单元中读取数据。一项任务如果分 10 个步骤，那么 CPU 会依次进行 10 次读取、执行、再读取、再执行……这就会造成延时以及大量功耗（80%）花费在数据读取上。虽然多核、多 CPU 或一些常用数据的本地存储会在一定程度上缓解这些问题，但这种中心处理的架构会限制计算机处理能力的进一步发展。

科学家们一直在努力突破传统的冯·诺依曼结构框架，对其进行改良，主要体现在：一是将传统计算机只有一个处理器串行执行改成多个处理器并行执行，依靠时间上的重叠来提高处理效率；二是改变传统计算机控制流驱动的工作方式，设计数据流驱动的工作方式，只要数据准备好，就可以并行执行相关指令；三是跳出采用电信号二进制范畴，选取其他物质作为执行部件和信息载体，如光子、量子或生物分子等。

目前来看，冯·诺依曼结构计算机以其技术成熟、价格低廉、软件丰富和符合大众的使用习惯，可能在今后很长一段时期里还将为人类的工作和生活发挥重要作用。当然，为了满足人们对计算机更快速、更高效、更方便的使用要求，为了让计算机能够模拟人脑神经元和脑电信号脉冲这样复杂的结构，我们

需要突破现有的体系结构框架并寻求新的物质介质作为计算机的信息载体，这样才有可能使计算机实现质的飞跃。未来，随着非冯·诺依曼结构计算机的问世，我们将会迎来一个崭新的信息时代。

2. 当前计算机的主要发展方向是什么？

近几年，计算机体系结构研究方面已经有了重大进展，越来越多的非冯·诺依曼新型计算机相继出现，如光子计算机、量子计算机、神经计算机以及纳米计算机等。这些新型计算机可能会在本世纪走进我们的生活。

光子计算机是一种采用光信号作为物质介质和信息载体，依靠激光束进入反射镜和透镜组成的阵列进行数值运算、逻辑操作及信息的存储和处理。它可以实现对复杂度高、计算量大、实时性强的任务的高效和并行处理。光子计算机比常规电子计算机快 1000 倍，在图像处理、模式识别和人工智能方面有着非常巨大的应用前景。

量子计算机中的数据采用量子位存储。由于量子叠加效应，一个量子位可以存储 0 或 1，也可以既存储 0 又存储 1，因此，一个量子位可以存储 2 个数据。同样数量的存储位，量子计算机的存储量比常规计算机大许多。同时量子计算机能够实行量子并行计算，其运算速度可能比目前个人计算机快 10 亿倍。例如，使用亿亿次的"天河二号"超级计算机求解一个亿亿亿变量的方程组，所需时间为 100 年，而使用一台万亿次的量子计算机求解同一个方程组，仅需 0.01 秒。

神经计算机是一种可以并行处理多种数据功能的神经网络计算机，它以神经元为处理信息的基本单元，将模仿大脑神经记忆的信息存放在神经元上。神经网络具有自组织、自学习、自适应及自修复功能，可以模仿人脑的判断能力和适应能力。例如，它辨别一个签名的真伪，不是凭签名的图像是否相像来判断的，而是根据本人在签名时笔尖的压力随时间的变化以及移动的速度来判断。目前，神经计算机的主要用途是识别各种极其细微的变化和趋势并发出信号。它已经被用来控制热核聚变反应，监督机器的运行，甚至预测股市行情。

纳米计算机不仅几乎不需要耗费任何能源，而且其性能要比今天的计算机强大许多倍。"纳米"是一个计量单位，大约是氢原子直径的 10 倍。纳米技术是从 20 世纪 80 年代初迅速发展起来的新科技。人类可利用纳米技术直接操纵单个原子，制造出具有特定功能的产品。应用纳米技术研制的计算机内存芯片，可把传感器、电动机和各种处理器都放一起，其体积不过数百个原子大小，相当于人的头发丝直径的千分之一。

3. 计算机技术为什么发展这么快?

回顾 20 世纪人们对计算机的认识:1943 年,当时的 IBM 总裁托马斯·沃森(Thomas Wason)说"我认为全世界市场计算机需求量约为 5 台";1968 年,IBM 的高级计算机系统工程师的微晶片上注解"但是……它究竟有什么用呢?";1977 年,有人说"任何人都没有理由在家里放一台计算机"。然而今天,计算机却走进了千家万户。计算机与计算机技术以人们想象不到的速度快速发展离不开信息时代的三大定律,即摩尔定律、吉尔德定律和麦特卡尔夫定律。

第一定律:摩尔定律。根据摩尔定律,微处理器的速度每 18 个月提高一倍。这意味着同等价位的微处理器速度会变得越来越快,同等速度的微处理器会变得越来越便宜。这是迄今为止半导体发展史上意义最深远的定律。集成电路数十年的发展历程验证了它的正确性。尽管有关摩尔定律即将失效的告诫不绝于耳,也许有一天,传统的硅芯片计算机会遇到发展的天花板,但目前,摩尔定律仍普遍适用。

第二定律:吉尔德定律。根据吉尔德定律,在未来 25 年,主干网的带宽每 6 个月增加一倍,其增长速度是摩尔定律预测的 CPU 增长速度的 3 倍。20 世纪 70 年代的人们很难想象当时昂贵的晶体管会在今天变得如此便宜,而且一块小小的芯片便可集成数以百万计的晶体管。现在,我们也很难想象免费使用无所不在的网络,但如果如今还是稀缺资源的网络带宽有朝一日变得足够充裕,那人们上网的价格便会大幅下降。事实上,现在几乎所有知名的通信公司都在积极铺设线缆。在美国,已经有很多的网络服务商向用户提供免费上网服务。可以预见,总有一天,人人可以免费上网。

第三定律:麦特卡尔夫定律,即网络的价值同网络用户数量的平方成正比。也就是说,N 个联结创造出 N×N 的效益。麦特卡尔夫定律的核心思想可通俗地理解为"物以多为贵"。例如,电话是一个人打给另外一个人,信息是从一个端口到另一端口,得到的效益是 1。一个电视节目,N 个人同时收看,信息是从一个端口到 N 个端口,得到的效益是 N。而在网上,每一个人都能够连接到 N 个人,N 个人能看到 N 个人的信息,所以信息的传送效益是 N 的平方。上网的人数越多,产生的效益就越多。在网络经济时代,共享程度越高,拥有

的用户群体就越大，其价值越能得到最大程度的体现。

4. 计算机技术发展的利与弊？

计算机不仅对社会产生巨大的影响，还给人们的生活带来变化。随着计算机技术的推广和普及，它已应用到了生活、学习、工作等各个领域。学生利用计算机进行网络学习，打破空间和时间的限制。办公室人员运用计算机实现信息的交互与共享，处理图片、稿件，快速生产报告，最大可能地缩短人与人之间的距离，提高服务水平。银行、医院、学校等都开始利用计算机技术，计算机已经成为生活必不可少的一部分。除此之外人们还可根据自己的需求来开发硬件和软件系统拓展计算机的功能。

凡事都会有利弊两个方面，计算机的普及也带来新的问题。比如人与人之间的交往因为计算机技术变得更加便捷，面对面交流变为网上交流，但却导致人与人之间缺少了实际沟通，很多人交际能力退化，人际间产生陌生感和隔阂感，又比如当网络更加开放的时候，容易产生信息安全问题，如剽窃受保护的知识和资源，售卖或盗窃客户隐私，或因密码泄露导致财产损失等，甚至可能威胁到国家安全。此外，现今网络资源丰富，但良莠不齐，不良信息会对人们身心健康产生负面影响。除此之外，长期使用计算机工作、学习或娱乐易引发不同程度的身体病变，如视力下降、颈椎疼痛、情绪波动等。

第二节 信息安全

现今，人们利用计算机、互联网等来拓展思维、处理问题已是常态。信息技术无处不在，特别是随着物联网、云计算、人工智能等技术的快速发展和普及，现实世界与虚拟世界不断融合。人们可以在信息化环境中开展高效学习，也可以用在线聊天工具与好朋友联系。信息技术提供了学习新技能、拓展新知识、结交新朋友的便捷途径。但是，信息技术也增加了人们遭受个人隐私泄密、网络诈骗的风险。因此，如何更好地开展信息安全教育已经成为世界各国普遍关注的问题。

 时间线

信息安全发展的阶段

信息安全保障时代
- 标志：《信息保障技术框架》（IATF）
- 安全的焦点：安全防护从被动走向主动，安全保障理念从风险承受模式走向安全保障模式
- 不断出现的安全体系与标准、安全产品与技术带动信息安全行业形成规模，新技术、新产品、新模式走上舞台

计算机安全时期
- 标志：20世纪70~80年代《可信计算机评估准则》（TCSEC）
- 安全的焦点：以保密性、完整性和可用性为目标
- 中国信息安全开始起步，关注物理安全、计算机病毒防护等

通信安全时期
- 标志：1949年香农发表《保密通信的信息理论》
- 安全的焦点：仅限于保证计算机的物理安全以及通过密码来解决通信安全的保密问题
- 欧美国家有了信息安全产业的萌芽

网络时代
- 安全的焦点：衍生为诸如可控性、抗抵赖性、真实性等其他的原则和目标
- 中国安全企业研发的防火墙、入侵检测、安全性评估、安全审计、身份认证与管理等产品与服务百家争鸣

 体验活动

让计算机变得更安全

一台计算机，即使不上网、不外借，也可能产生安全问题。例如，与别人进行数据交换时被传入危险文件而导致死机，或者误操作导致数据破坏或丢失，还有可能因为不科学的配置而造成信息安全隐患。下面，让我们一起来实践让计算机变得更安全的方法。

活动1 为计算机进行安全设置（以 Win10 为例）

1. 设置开机密码

（1）在系统桌面右击"开始"菜单，单击"控制面板"中的"用户帐户"。

"开始菜单"和"控制面板"界面

（2）单击"用户帐户"后找到"在电脑设置中更改我的帐户信息"。

"用户账户界面"界面

（3）选择"登录选项"，然后单击"更改"，进入密码修改界面。根据提示设置密码。重启后使用设置的密码登录。

"密码设置"界面

2. 锁屏

使用键盘组合键 $\boxed{\text{Win}}$ + $\boxed{\text{L}}$ 即可实现锁屏（$\boxed{\text{Win}}$ 按键是近十年出现在键盘上的按键，通常位于 $\boxed{\text{Ctrl}}$ 键和 $\boxed{\text{Alt}}$ 键之间）。锁屏之后，计算机返回系统登录的画面，此时要进入系统，必须在选择用户名之后输入用户密码才能进入系统桌面。

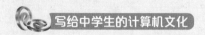

3. 设置屏幕保护密码

（1）在系统桌面，右击"开始"菜单，点击"控制面板"。单击"外观和个性化"找到"更改屏幕保护程序"。

"外观和个性化"界面

（2）在"屏幕保护程序设置"对话框中勾选"在恢复时显示登录屏幕"复选框。

"屏幕保护程序设置"界面

 设置屏幕保护与锁屏的不同之处是：屏幕保护不会出现锁屏后冷冰冰的登录界面，而是出现所选屏幕保护效果，如动态水泡。此外，用户还能通过注销用户、关闭远程协助和远程桌面等方式来给计算机增强安全性。

活动 2 安装并使用安全保护软件（以 360 安全卫士为例）

1. 安装"360 安全卫士"软件

正常安装"360 安全卫士软件"后，通常会在系统托盘区显示两个图标，一个是"360 安全卫士"主系统，一个是"360 杀毒"程序，前者会自动调用后者，所以之后的操作只在前者中完成即可。

2. 使用"360 安全卫士"软件

（1）打开"360 安全卫士"软件。双击"360 安全卫士"图标，系统会弹出其主界面。不同软件版本的界面会略有差别，下面以"360 安全卫士 11.4 版"为例。

（2）确认系统补丁是否是最新版。单击工具栏中的"系统修复"按钮，在界面刷新后单击工具栏中的"漏洞修复""软件修复""驱动修复"等区域进行搜索，软件会给出修复建议。单击"立即修复"按钮进行修复。

"系统修复"界面

（3）升级软件。单击工具栏中的"软件升级"按钮，系统自动检测需要升级的软件，用户根据需要进行软件升级。

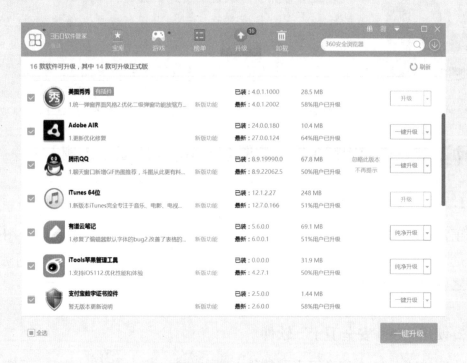

"软件升级"界面

（4）查杀病毒和木马。单击工具栏中的"木马查杀"按钮，根据具体问题，可选择"快速扫描""全盘扫描""自定义扫描"中的合适查杀选项，完成查杀操作。

"木马查杀"界面

作为非专业人员的用户，不可能直接修改操作系统或软件来增强计算机的安全性，但可适时地升级安全保护软件版本或给现有版本打补丁，再配以正确的操作系统或软件来增强计算机的安全性。

活动3 设置防火墙

（1）在计算机桌面，右击"开始"菜单，单击"控制面板"。单击"系统和安全"，找到"Windows 防火墙"并单击。

"系统和安全"界面

（2）在"Windows 防火墙"界面中单击"更改通知设置"，进入设置界面。

"Windows 防火墙"界面

（3）在设置界面中，仔细阅读各选项的说明，根据需要设置计算机防火墙。

"防火墙自定义设置"界面

计算机领域的防火墙是一种位于内部网络与外部网络之间的网络安全系统。防火墙会对外网、内网的所有访问"过滤"，允许安全的信息通过，对于不安全的信息，则不允许其通过。作为个人用户，可以在自己的计算机上配置防火墙，使其在面对网络攻击时发挥应有的作用。

三 概述

信 息 安 全

近几十年，随着信息技术的发展，出现了很多新生事物，如微博、微信、可视电话等。信息技术领域也出现了一些新的研究热点，如智能家居、新概念交通等。在信息时代，随着大数据、云计算的广泛应用，人们在享受日益便捷的信息服务时，也应注意保护个人信息安全。目前，个人信息被盗取、信息系统被攻击，甚至国家机密泄露等事件时有发生。信息安全逐渐引起全社会的关注。

信息安全的含义

信息安全可以从三个层面来理解，不同的研究层面对信息安全的定义有不同的侧重点。在微观层面，对信息安全的理解侧重于具可操作性的信息技术的安全，即信息安全是计算机安全的延伸，包括计算机终端和服务器在技术层面的安全以及数据（信息）的存储、流通和使用的安全，应保证信息的完整性、可控性和可用性。在中观层面，对信息安全的理解侧重于政策性管理层面的安全，即信息安全是一个国家对信息以及信息载体的管理并制订相关的管理政策。在宏观层面，信息安全是在国家和国际层面上的一种解释，即信息安全是在网络空间维护国家的政治、经济、军事、文化安全。互联网时代，大量跨国界的电子网络形成的新空间关系产生了新的冲突领域。网络信息安全成为衡量国家利益的新变量，成为关乎国家政治、经济、军事、文化平稳发展的重大战略性议题。

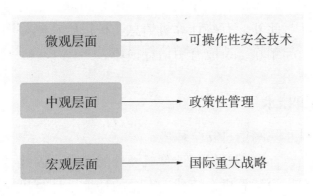

信息安全关注的重点

信息安全关注的问题

1. 计算机操作系统问题

计算机操作系统正常运转是计算机运行的重要基础，只有计算机拥有了完善的操作系统，才能确保计算机中所储存的信息不会出现损坏等问题。但是，人们在选择计算机时，通常更注重计算机的硬件设备优劣，对于计算机操作系统的安全性则思考过少。很多计算机操作系统安全防护技术不够完善，经常会出现一些系统漏洞，导致在使用过程中出现文件丢失以及损坏，严重威胁信息的安全性。

2. 计算机病毒问题

使用计算机大多需联网。在长期使用计算机过程中，很多人会放松对网络病毒的警惕。通常计算机病毒可以以链接、邮件等多种形式通过网络传播到任

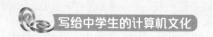

意一台计算机设备当中。若不小心打开含病毒的链接，病毒会以极快的速度瞬间攻击计算机设备。计算机病毒会窃取用户密码、复制文件夹，甚至导致计算机操作系统瘫痪，发布病毒的不法人员可以远程控制计算机，获取目标计算机中的信息。计算机病毒中，木马属于一种隐形病毒，可以附着于某一计算机文件传播，导致计算机感染，损坏计算机中的信息。

3. 计算机存放位置问题

通常情况下，计算机设备的运行需要多条线路的支持，如屏幕线路、主机线路、鼠标及键盘线路等。一旦其中一条线路出现老化、破损等，有可能导致起火，造成计算机信息损失，甚至可能威胁到人员生命安全。

4. 计算机信息的防护系统不完善

目前计算机信息的防护措施还不够完善，现存的计算机信息防护措施通常处于被动防护地位，例如当计算机感染病毒后，防护系统会对病毒进行删除，但是在病毒入侵到计算机信息当中后，即便删除病毒，也有可能已经对计算机中的信息造成损坏。此外，有些计算机信息防护措施在删除病毒文件时，会将类似病毒的数据一起删除，造成有用信息损坏。

信息安全防御技术

1. 打造计算机互联网信息安全环境

保障信息安全，首先需要保障计算机硬件的安全，因此必须做好信息系统基础设施建设工作，为计算机系统营造安全的环境。计算机应该安置在温度、湿度适宜的环境中，尽量远离噪音源和强电磁场。使用优质的电源确保能为计算机持续提供稳定的电流。计算机工作过程中应该做好定期检查和日常维护，检查计算机是否接地良好。重点保护部门和单位应防止重要信息被不法分子截获。如果计算机系统和设备非常重要，必须建立完善的防盗报警设施，防止计算机被盗而造成信息丢失。

2. 采用多种方式保障信息安全

除了保障计算机硬件安全，还应采用多种方式对信息进行加密，确保信息在传输过程中不被截获或者破解。目前加密技术有很多种，基本能够保证信息的完整性和机密性，例如网络信息认证是用来认定信息交互双方身份真实性的技术，将密钥加密技术和数字签名技术结合起来，对签名人身份进行科学规范的鉴定，对信息传输的过程进行监控，保证信息、文件的完整性和真实性。

3. 做好病毒防范工作

计算机病毒是威胁信息安全的一大因素。有些计算机病毒具有隐蔽性，能够隐匿在计算机系统中，在用户不知情的情况下自我复制和传播，感染计算机中的文件，最终破坏系统，造成用户信息和隐私泄露，因此必须使用杀毒软件定期扫描和杀毒。

在计算机的日常使用中，良好的使用习惯是防止感染计算机病毒的基础。例如不随意下载不明出处或者盗版的软件，运行来源不明的文件或者程序前必须先杀毒等。

4. 提高信息安全意识

使用计算机和互联网时要保持良好的使用习惯，如不在自己的计算机上保存网站密码或者私人信息，不打开来源不明的链接或邮件，在线聊天时，不轻易接受陌生人发送的文件和程序，为计算机设置具有一定复杂度的密码，在转售、报废计算机前一定要将计算机内的数据和信息全部清除，定期备份重要的数据和资料等。

信息时代中的国家安全

互联网连接起一个畅通无阻的网络空间，在带来便利的同时也为非法组织与个人提供了招募人员、组织威胁国家安全活动的机会。很多国家的政府网站受到过黑客的攻击，应对信息时代的网络犯罪对国家来说是一项挑战。

信息时代，全球金融合作不断加强，国家间的经济都联系在一起。一个国家的经济受到打击，会很快波及其他国家。随着经济体系向知识经济转变，世界经济全球化与数字化特征越来越明显，经济活动的风险也大大增加。保护信息化时代的全球经济安全是目前面临的重大课题。

全球化进程中，国家之间相互依存，在信息维护方面，没有一个国家可以置身事外，也不存在一个国家能够单独肩负起维护信息安全的重任。在现在的信息安全形势下，加强国际间的信息安全合作将是一大趋势。20 世纪中期，一些国家就提出在面对信息安全领域的挑战时，为确保互利共赢的局面，国家之间应进行多边合作，共同建立起平等有利的国家信息安全秩序，保证国际信息安全。

四 走进名人堂

王江民

1951年10月，王江民出生于中国上海市。三岁时因小儿麻痹症的后遗症而腿部残疾。初中毕业后，王江民从一名街道工厂的学徒工干起，刻苦自学，逐渐成长为拥有20多项创造发明的机械和光电类专家。王江民38岁开始学习计算机，专注于信息安全领域，刻苦钻研几年后成为中国最早一批反病毒专家之一，后创立了北京江民新科技有限公司，专注研发杀毒软件。

王江民被誉为中国软件业界的奇才，也是国际上赫赫有名的"杀毒王"。实际上，王江民很多方面的起点都非常之低，低到在外人看来凭着他的外在条件，根本没有任何成功的可能性。王江民从小腿部残疾，这似乎成为他走向成功的一道巨大阻碍。然而他身残志坚，硬是走出了一条"异彩飞扬"的成长之路。他在机械领域取得很多成功，在计算机反病毒领域更是取得巨大的成就。之所以能取得如此成就，全在于他不放弃自己，坚持学习。

从记事起，他的腿就"已经完了"。他不便下楼，每天只能守在窗口，看大街上熙熙攘攘的人群。可是，他偏要学骑自行车，即使摔得鼻青脸肿也一直坚持，结果真的学会了。正是这种不服输的精神支撑着王江民在生活中不断成长，掌握了许多别人认为他不可能掌握的技能。动手能力非常强的王江民在小学四年级就可以做出双波段八晶体管的收音机和无线电收发报机等。

对于腿部的残疾，王江民只是"有感觉但不痛苦"，他痛苦的是初中毕业后没有工厂愿意雇用他。1971年，终于有一家街道工厂愿意雇用王江民。王江民很争气，一两年后便成为该厂的技术骨干。他很注重继续学习，专门去上了职工业余大学。1979 年，因为在激光产品方面获得多项国内外先进水平的科研成果，王江民获评"全国新长征突击手"称号。

江民科技

1989 年，王江民意识到自动化必须依靠计算机来控制，不学计算机肯定会落后，花 1000 多元为自己买了一台中华学习机，第二年又买了一台 8088PC 机，开始学习 Basic 语言。当他发现了"计算机病毒"的存在后，作为一个较真的人，开始研发杀毒软件，尝试对抗这一计算机顽疾。1992 年，他开发的杀毒软件提供免费使用，并不断更新版本。后来，江民杀毒软件逐渐商业化。这一年，王江民创立了北京江民新科技有限公司。

五 公司的力量

奇 虎 360

你熟悉下面这个软件和图标吗？你知道推出这个软件的公司吗？你知道这个公司主营什么业务吗？

奇虎 360 的图标

"奇虎360"是北京奇虎科技有限公司的简称，该公司创立于2005年9月。"奇虎360"目前拥有360安全卫士、360安全浏览器、360保险箱、360杀毒、360软件管家、360手机卫士、360极速浏览器、360安全桌面、360手机助手、360健康精灵、360云盘、360搜索，360随身Wi-Fi等一系列产品。该公司主要依靠在线广告、游戏、互联网和增值业务创收。

2006年，超过130种恶意插件通过互联网传播。这样的网络环境让用户苦不堪言，有时正常浏览网页，计算机会自动安装恶意的流氓软件，轻则经常弹出广告，重则使计算机蓝屏、无法关机等，为此不得不重装系统。从严格意义上来说，流氓软件并不属于病毒范畴，因此当时很多杀毒软件公司虽然有很强的杀毒技术，但并没有专门研发查杀流氓软件的技术。这个时候，"奇虎360"顺势推出以查杀、卸载流氓软件为基础功能的"360安全卫士"，直击用户痛点，可谓一石激起千层浪，迅速聚集起大量的用户。正如其创始人周鸿祎后来在《我的互联网方法论》中提到的："一款产品把用户痛点解决到极致的能量是可怕的。也正是这样的能量成为了'360安全卫士'快速增长的核心驱动力。"

继"360安全卫士"之后，很多老牌杀毒软件公司也纷纷推出自己的产品。面对激烈竞争，"360安全卫士"一度面临着种种压力，但是经过不懈努力，终于逐步突破重围，在计算机安全领域中有了立足之地。通过多年运营，"360安全卫士"几乎已经成为装机必备软件。

"360安全卫士"为"奇虎360"的发展构建了非常牢固的基础。正是有了这样的基础，"奇虎360"才能以浏览器为切入点重做搜索，积极探索电商开放平台，布局移动端业务等一系列尝试。

 问与答

1. 为什么个人信息这么容易被泄露？

生活中，对个人信息的保护总是不尽如人意。目前，个人信息泄露的原因具体主要有以下几点：

（1）人为因素，即掌握了信息的公司、机构员工主动倒卖信息。

（2）计算机感染木马等病毒软件，造成个人信息被窃取。

（3）不法分子利用网站漏洞，入侵保存信息的数据库。

（4）用户随意连接免费 Wi-Fi 或者扫描二维码而被不法分子盗取信息。

（5）密码简单，"一套密码走天下"，极大便利了不法分子进行信息盗取。

个人信息泄露的途径主要分为三个方面：因为本人安全意识不足或保存和使用方法不当而直接泄露；在信息传送途径中被窃取者获得；信息接收者因为安全意识不足或因某种利益驱使而主动提供给信息窃取者。

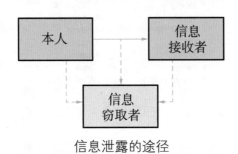

信息泄露的途径

作为用户，为保护个人信息安全，我们可以做到以下这些：

（1）在日常生活中，保管好自己的身份证、信用卡和户口本等重要证件。如需要打印相关证件的复印件，要及时删除打印店计算机内留存的信息，并且在复印件上标注使用用途。

（2）不随意丢弃印有实名信息的火车票、机票、快递单据等票据。若需要丢弃，则事先涂掉个人信息或及时销毁。

（3）不随意填写来路不明的调查问卷，不随意留下自己真实的联系方式。

（4）使用正规网站上网、购物，不随意打开陌生邮件。

（5）给计算机安装防火墙、杀毒软件等，并及时更新病毒库。

2. 已设置密码的系统仍然不断出问题，这是为什么？

为了安全，越来越多的系统需要设置密码。但是，设置了密码的系统仍然不断出问题，这是为什么呢？答案很简单：密码不够安全。那么，什么才是安全的密码呢？要回答这个问题，不妨先了解什么样的密码会导致不安全。

以下是南京市公安局公布的十大不安全密码和中国人最常用的密码。

这些密码，别用！

十大不安全密码	中国人最常用密码
1. 123456	1. abc123
2. psaaword	2. 123456
3. 12345678	3. xiaoming
4. qwerty	4. 12345678
5. abc123	5. iloveyou
6. 123456789	6. admin
7. 111111	7. qq123456
8. 1234567	8. taobao
9. iloveyou	9. root
10. adobe123	10. wang1234

十大不安全密码和中国人最常用的密码

从以上不安全的密码可以看出，这些密码有一些共同的特点，如位数比较少、使用简单英文单词、规律性太强等。值得一提的是，若不法分子掌握某个人足够多的信息，即使安全级别高的密码，有时也会被如同捅破窗户纸一样破解。

现代社会需要密码的场合很多，个人的记忆力有限，难以记住每个密码。那么什么样的密码足够安全呢？如何设定安全又容易记住的密码呢？以下几种方法供参考。

（1）密码中混合数字、字母或符号。如对于拆分成子块的部分，约定每个首字母为大写，每个子块间用"#"间隔，比如"shanghai"可以变为"Shang#Hai"。这样的密码既好记，安全性也相对高了。

（2）对所使用的密码根据键盘上按键的位置做整体平移，如密码"hello"按键盘上向右平移一位，就变成了"jr;;p"，后者的安全性比前者高了很多。

（3）采用某种编码方式，将想设密码的编码作为新密码。例如在只允许数字的环境中，用姓名的笔画数做密码，这样的密码比用生日数字做密码的安全强度高。

3. 网络社交软件会泄露什么信息？

网络社交软件已成为装机的"必需品"，人们常利用QQ、微信等聊天、视频。在享受便捷的同时，人们不可避免地面临泄露隐私、丢失密码等个人信息安全问题。这些个人信息是怎么被人盯上的呢？

一是无意识地主动泄露信息。在申请网络社交账户时，用户需要输入电子邮件地址、性别、生日、所在地等信息。虽然这些内容并不要求必须填写，或者填错了也没关系，但大多数人或多或少会填写一些真实的信息，这就是个人信息泄露的开始。另外，网络社交软件传送图片文件一般不加密，若这些图片涉及比较重要或隐秘的信息，则在传送过程中可能被窃取。

　　二是好友信息被泄露。很多网络社交软件用户喜欢将好友备注为其真实姓名并配备不同的分组，这时所有好友的个人信息是否安全，完全取决于你的网络社交软件是否安全了。一旦别有用心的人得到这个名单，就可以获得一个实名和网络社交软件账户的对照表，可能据此进行诈骗。

　　三是网络社交软件的群泄露信息。网络社交软件的群用户通常有某些相同的爱好，不法分子会利用群发布一些广告信息或直接进群拉人、搜集信息等。

　　因此，安全使用网络社交软件要注意以下几点：

　　（1）保护好账户密码，防止泄露。

　　（2）好友备注要谨慎。

　　（3）聊天时要注意安全，如遇到可疑情况，要确认对方账户是否被盗。

　　（4）谨慎应对对方发来的网址和文件。

　　（5）谨慎入群。

4. 维护信息安全，作为青少年的我们可以做什么？

　　无论小学生、初中生还是高中生，都是祖国未来发展建设以及保护信息安全的主力军。我们要积极了解信息安全的特征、威胁信息安全的主要途径，识别其中的道德与安全问题，学习相应的防范措施，提高信息安全意识和信息安全技能。通过学习和行动，运用所掌握的信息技术来积极弘扬正能量，做安全有意识、网络高素养、行为好习惯、防护强技能的信息社会守法好公民。

　　在保护个人隐私方面，下面是一些可供参考的操作技巧：

　　（1）尽量使用规模大、信用好的网络平台，使用前仔细阅读网站的个人信息保护规定，然后决定是否填写个人信息。

　　（2）安装安全软件，以免恶意程序窃取个人信息。

　　（3）在使用互联网时不轻易泄露姓名、家庭住址、电话号码和银行账户等个人信息。

　　（4）密码是保护个人信息的关键，要合理设置自己的密码。密码应有特定的使用范围，即在某几个网站或软件中使用；密码应有特定的使用时间，即在一段时间后应予更换。

（5）给智能手机、平板电脑等移动设备安装软件时要注意权限说明。对读取通讯录、获取位置等容易造成个人信息泄露的权限要谨慎对待，确有必要再进行授权。

第一章

万物互联　赋能未来

计算机硬件和软件技术不断发展：输入／输出设备越来越便携，计算机操作越来越简单，应用软件功能越来越多样且彰显个性……在传统计算机技术的基础上，专家们一直在寻找突破，物联网就是一个方向。物联网技术让生活中物品都变得智能。想象一下，书包会"提醒"你今天要带的课本，衣服会"告诉"你天气状况并提示着装，这是不是很酷？虽然这番场景尚不能马上实现，但目前计算机已可与各种传感和控制设备相连，从而侦测到外部环境的温度、湿度、音量、亮度、压力、距离等，并作出一定的应对措施，实现物与物、人与物之间的万物互联指日可待。

未来，智能家居、智能交通、智能学校、智能医疗、智能商务等都将成为生活常态。在物联网的支持下，各种物品可实时共享信息，很多设备会变得智能，不需要人的参与就可以自行运转，为人类开启全新的智能生活。

技术就是当你出生时尚不存在的任何事物。

——艾伦·凯
（计算机科学家）

物联网和智能硬件将成为互联网的下一个机会，而不仅仅是穿戴设备，硬件跟线下需求相匹配蕴含着巨大商机。

——王　兴
（美团网创始人）

第一节 输入/输出设备

任何物联系统都离不开计算机控制。随着科技的迅猛发展，计算机的输入/输出设备不断地更新换代，使得功效更自然、便捷。本节主要围绕典型的输入设备"键盘"和输出设备"打印机"的发展与变化来一展计算机输入输出设备的发展脉络。

一 时间线

键盘的发展史

20 世纪 70 年代
键盘设计中加入簧片开关

20 世纪 90 年代
剪刀式开关键盘

21 世纪
新恩科技公司（Synaptics）使用ThinTouch技术，利用全新的电容传感器，使得键盘更轻更薄

20 世纪 60 年代
IBM推出Selectric电动打字机

20 世纪 80 年代
IBM推出M型键盘，使用座屈式弹簧

20 世纪 60 年代
施乐公司（Xerox）发明第一台激光打印机

20 世纪 80 年代
惠普公司（HP）推出第一台喷墨打印机

21 世纪
彩色激光打印机开始迅速发展

20 世纪 70 年代
1968年，第一台针式打印机OKI Wiredot问世

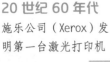

20 世纪 90 年代
第一台彩色喷墨大幅面打印机出现；HP公司展示了世界上第一台局域网打印机——Laser JetⅢ Si

打印机的发展史

调整输入/输出的设置

为了让计算机使用起来更加顺手，可以根据自己的需求对计算机的输入/输出进行个性化设置。下面，让我们来实践一下更换键盘的按键位置（键位），设置苹果电脑的触控板。

活动 1 更换键位

如果因为键盘上的某个常用键坏掉了而丢弃键盘，那就太浪费了。若此时可以用新的按键替代坏掉的按键，那就太棒了。有时玩游戏键位不顺手，用户也需要自定义键位。对于更换键盘上坏的按键，或自定义游戏键位，可以用"换键精灵 Remapkey"来进行替换键位。

（1）下载并安装"换键精灵 Remapkey"软件。

（2）对换 A 键和 S 键。

打开"按键精灵 Remapkey"软件，用鼠标选中"替换前键盘"处的 A 按键，将它直接拖动到"替换后键盘"处的 S 键位上，对应的目标键位自动变成红色，实现 A 键和 S 键对换。

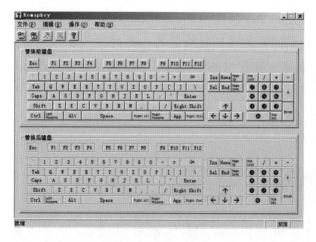

换键精灵软件界面

（3）保存设置。

点击"文件"，选择"Save and Exit"（保存并退出），在弹出的"重启提示"窗口中，点击"是"，重启计算机。打开文本编辑软件，比如 Word，试一试通过键盘输入文字，确认 A 键和 S 键的键位是否对换成功。

保存操作

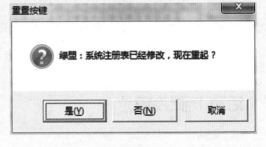

保存确认

（4）取消设置。

如果想要取消已经保存的键位更换设置，可以点击"编辑"菜单项中的"Delete All"（全删除），这样就能将各个按键恢复到初始状态。

键盘上每一个按键都有其十六进制扫描码，例如 A 键的扫描码为"001e"，B 键的扫描码为"0030"。键位更换的原理是将按键与扫描码的映射更换。常见的做法是通过安装第三方辅助软件，修改键位映射和功能。有人认为安装第三方软件存在安全隐患，此时，可以打开 Windows 注册表编辑器，找到"Scancode Map"（扫描码映射）的键，通过修改这个键的值来实现对键位映射的更改。

活动 2 Mac 触控板的手势控制

Mac 计算机（苹果公司的计算机，安装有 Mac OS 操作系统）的触控板非常灵敏，其手势操作的灵活性丝毫不逊于鼠标操作。我们可通过调整触控板的操控方式来使其更加顺手。

（1）打开 MAC 计算机的"系统偏好设置"。

Mac OS 的系统偏好设置

（2）点击"触控板"，在弹出窗口中设置"光标与点按"操作。

触控板"光标与点按"设置

（3）切换到"滚动缩放"选项，进行设置。

触控板"滚动缩放"设置

（4）切换到"更多手势"选项卡，进行更多设置。

触控板"更多手势"设置

（5）点击右下角的"设置蓝牙触控板…"，根据提示，连接和设置蓝牙触控板。

触控板蓝牙连接设置

提示板

  Mac 计算机的触控板采用玻璃材质，其特点是表面光滑、触感细腻、可压力感应，且响应灵敏。该触控板可支持任意位置点按，即支持多点触控。该触控板之所以用户体验好，不仅在于其硬件的支持，更在于其与 Mac OS 系统的深度整合。因此，使用 Mac 计算机时，一些普通的文档处理和网页浏览等操作完全可以用触控板替换鼠标进行操作，用户使用更加方便，也不用担心"鼠标手"问题哦！

 概述

输入/输出设备

输入/输出设备是计算机的重要组成部分。

常见的计算机输入设备有鼠标、键盘、摄像头、麦克风等。输入设备的功能是将外界的信息转换为计算机所能识别和处理的形式，并传送到计算机中进行处理。

常见的计算机输出设备有显示器、打印机、音箱等。输出设备的功能是把计算机处理的结果或中间结果转换为人所能识别的数字、符号、文字、语音和图像等信息形式或变换为其他系统所能接受的信息形式。

输入设备之键盘

键盘是计算机最基本的输入设备。目前，PC 机普遍采用 104 键的键盘（包含 104 个按键）。也有不少厂家为增强键盘功能而设计了许多额外的功能键，比如音量控制旋钮、开关机键等。

常见的计算机键盘

虽然键盘是计算机的硬件组成部分之一，但键盘的历史其实比计算机的历史要早很多。1868 年，克里斯托夫·拉森·肖尔斯发明了打字机。键盘最初就应用在这样的英文打字机上。可以说，英文打字机上的键盘是现代计算机键盘的雏形。

打字机上的键盘

早期的计算机键盘是机械式键盘，使用电接触作为连接标志，采用机械金属弹簧片实现按键回弹。这种计算机键盘手感硬，类似打字机的键盘。随着技术的发展，计算机键盘经历了薄膜式、电容式和导电橡胶式的发展历程，手感逐渐变得轻柔而富有韧性，其按键数量和功能也越加丰富。

剪刀式开关的键盘设计

随着笔记本电脑的日渐流行，更轻、更薄的键盘逐渐成为主流需求。20世纪90年代开始，计算机键盘出现了轻薄化趋向，制造商在笔记本电脑和较薄的键盘内部控制结构中采用一个剪刀式开关，使按键间距离及按键大小均显著减小。

为达到更好的用户体验，美国新恩科技公司在设计轻薄键盘方面做得非常成功，该公司研发的 ThinTouch 技术采用全新的电容传感器，使每个按键只需要摁下一半就能产生输入。

ThinTouch 超薄键盘设计

输出设备之打印机

打印机（Printer）是计算机最基础的输出设备之一。早期的计算机主要用来执行计算，并没有太多图像处理的功能，也不能输出今天常见的文字与图像，它采用打孔卡片存储数据或指令，而非打印图案。这样的输出形式很难识别，于是人们开始寻求更好的输出方式。

运用打孔卡片的 IBM 计算机

世界上第一台针式打印机诞生于 1968 年，是由日本 OKI 公司研发的 OKI Wiredot。针式打印机的学名为"点阵式打印机"（Dot Matrix Printer）。它的原理很简单：针头敲击有色料的色带，会像复写一样在纸面留下一个点，这些点的组合形成图案。早期针式打印机的工作原理决定了其打印速度并不快。

针式打印机在很长一段时间内广泛使用，由于打印质量不高、工作噪声大，现在已经被淘汰出办公和家用打印机市场。但因其使用的耗材成本低，能多层套打等特点，在银行、证券、邮电等需要打印存折或票据的领域仍普遍使用。

最原始的针式打印机：OKI Wiredot

随着技术的进步，打印设备增添了激光打印机、喷墨打印机等新机种。

激光打印机是激光技术与复印技术相结合的产物，利用激光可以形成很细的光点，使得打印质量明显变好。但是激光打印机在工作时会产生臭氧，对环境有一定污染。喷墨打印机与激光打印机一样打印效果好，并且使用低电压不会产生臭氧。缺点是，喷墨打印机的墨水成本较高，消耗也快。

如今，在彩色图像输出设备中，在家庭及办公方面，喷墨打印机使用较多；在专业打印方面，则更多采用激光打印机。

激光打印机　　　　　　喷墨打印机

智能输入 / 输出方式

你是不是有时会嫌打字输入速度慢或者手写识别正确率低？随着生活节奏的加快，人们对信息输入的速度、方式的要求越来越高。目前，国内外很多专业公司和专业人员都在研究智能输入 / 输出方式或优化现有的输入 / 输出方式。

在众多的公司中，中国的"科大讯飞"为提升语音输入质量作出了巨大贡献。科大讯飞以语音识别技术为核心，为用户提供更精准的语音识别服务。"讯飞输入法"的中文语音识别率已达到惊人的 97%，可应用在国际会议现场进行实时翻译。基于语音识别技术，科大讯飞推出的便携翻译机不仅可以中英文互译，还可以转译成日语等多个语种。推出的语音助手功能可应用在智能家居和车载系统上，例如利用语音切换电视频道等。不仅如此，科大讯飞还可实现语音订制，例如订制明星声音来讲故事。

人工智能时代，计算机输入方式越来越多样且自然，人们可以使用自然手势操控计算机，也可以直接通过人类语言与计算机进行交流。现在，语音输入、手势触控已然成为智能手机、平板电脑的主流输入方式，但仍然存在识别度较低的问题，影响了用户体验。相信随着识别技术进一步精准，这些输入方式的用户体验会越来越好，应用也会越来越普及，未来必将会出现更丰富的输入输出方式。

计算机输入 / 输出接口

计算机输入 / 输出接口（Input/Output，I/O）是计算机 CPU 与外部设备之间交换信息的连接电路。有些接口可通用接连多种设备，比如 USB 接口或 Thunderbolt（雷电接口）；有些接口用于连接特定的设备，比如打印机接口。

目前，较为主流的 I/O 接口有：PS/2 接口和 USB 接口（通用串行接口）是常用于连接键盘和鼠标的接口，前者不支持热插拔（带电插拔），后者支持热插拔，使用更加方便；HDMI 接口可连接多种支持 HDMI 的产品，但是，HDMI 接口对 PC 的兼容性不佳，不能够支持显示器的 3 屏或者 6 屏输出。

此外，USB Type-C 接口常用于智能手机或平板电脑等设备，可用于充电、数据传输等。该接口的最大特点是支持 USB 接口双面插入，即可以正反面随便插，解决了"USB 永远插不准"的世界性难题，而且理论传输速度达 1000 MB/S，比 USB 3.0 的速度快一倍。同时，与之配套使用的 USB 数据线也更细、更轻便。长远来看，USB Type-C 取代 USB Type-A（应用于鼠标、优盘等标准 USB 接口）和 USB Type-B（应用于 3.5 寸移动硬盘、打印机、显示器等设备）是必然结果，其拥有的纤薄性、便携性、拓展性特点都将助其在与众多接口的竞争中胜出。

表 2-1 常见的计算机外设接口

接口类型	连接端	接口	应用设备和特点
PS/2			用于连接早期的鼠标、键盘等
USB Type-A			用于连接优盘、USB 键盘等
Thunderbolt			用于连接支持雷电接口的移动硬盘等

（续表）

接口类型	连接端	接口	应用设备和特点
HDMI			用于连接数字音响、电视机等设备
USB Type-C			用于连接智能手机、平板电脑等，实现充电、数据传输

四 走进名人堂

道格拉斯·恩格尔巴特

恩格尔巴特（Dr. Douglas C. Engelbart）1925年1月生于美国，是著名的发明家，拥有多项发明专利，其中最著名的是鼠标的专利，因此被称为"鼠标之父"。他带领的研究小组是当时研究人机交互的先锋，开发了超文本系统、网络计算机以及图形用户界面等。他一直致力于倡导运用计算机和网络来协同解决世界上日益增长的紧急而又复杂的问题。

在鼠标发明之前，人们操作计算机只能依靠键盘，非常不便利。为了让计算机输入操作变得更简单，1961 年，当时正在斯坦福研究中心工作的恩格尔巴特决心研制一项更好用的装置。他带领团队进行了很多尝试，比如操纵杆、跟踪球、膝盖控制的指针，甚至是由脚来操作的控制仪。1963 年，恩格尔巴特终于设计出一款手掌大小、以轮子为基础的设备。此设备就是鼠标的原型。当时这个设备不叫鼠标，而叫"显示屏系统上 X–Y 坐标位置指示工具"。

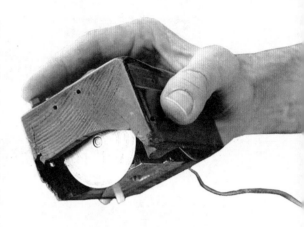

鼠标原型设计

这个有着复杂名字的家伙其实非常简单：一个木壳子套着两个金属滚轮，两个轮子互相垂直转动，加上一个塑料开关，通过一根线和计算机相连。

1967 年恩格尔巴特为此设备申请了专利，并于 1970 年获批。因该设备像一只老鼠一样拖着长长的尾巴，于是恩格尔巴特将其更名为"鼠标"。

1968 年，美国旧金山举行的一场计算机大会上，恩格尔巴特花了一个多小时的时间，向 1000 多名当时全世界最顶尖的计算机精英展示自己的发明。他坐在讲台上，用一只鼠标控制计算机，屏幕上出现了多个窗口，他还能通过点击超文本链接来连接网络，与距离会场 5 万米之外的同事通过视频交谈，完成了全世界第一次视频会议。

鼠标的发明使得计算机操作更加便利，加速了计算机的发展和普及，被 IEEE（电气和电子工程师协会，全球最大的专业技术学会）列为计算机诞生 50 年来最重大的事件之一。

道格拉斯·恩格尔巴特于 1956 年在美国加州大学伯克利分校获得电气工程与计算机博士学位，后来在著名的斯坦福研究所供职。他不仅是一位发明家，也是一位多才多艺的思想家和计算机先驱，总共写了 25 部著作，拥有 28 项发明专利。他在计算机领域创立了一些很有价值的理论，例如在超文本和超媒体系统、人机交互和网络技术等方面都做出了天才的预见，并且提出了理论框架。

1989 年，道格拉斯·恩格尔巴特和女儿克里蒂娜·恩格尔巴特在美国硅谷创建了 Bootstrap 研究所，并于 1998 年获得世界计算机界最权威的奖项——图灵奖。

五 公司的力量

罗技——不断创新

"苹果树"村的罗技

1981 年 10 月 2 日，两位斯坦福大学毕业生丹尼尔·波雷尔（Daniel Borel）和皮耶路易吉·扎帕科斯塔（Pierluigi Zappacosta）与曾在专业公司担任工程师的贾科莫·马里尼（Giacomo Marini）在瑞士的"苹果树"村中创立了罗技公司的原型。由于三位创始人所具有的软件背景，他们选择了"Logitech"（来自意为"软件"的法语词"logiciel"）这个名字作为公司名。

罗技公司图标

引领潮流的罗技

1982 年，罗技发布第一款鼠标。此后，罗技在计算机外设领域的发展势头便一发不可收拾：1983 年发布第一只光学机械式鼠标，1984 年发布第一只无线鼠标，1985 年研制第一只不需要外接电源的鼠标，1996 年第一次将 Marble 光学技术应用于全线轨迹球产品，2001 年，发布第一款无线光电鼠标，2002 年发布第一只采用蓝牙技术的无线鼠标"Cordless Presenter"。经过不懈努力，罗技公司的产品已遍布世界各地，"罗技"也成为享誉全球的著名电子消费品牌。

拓疆开土的罗技

罗技现已发展成为全球著名的计算机周边设备供应商之一，已售出超过 10 亿枚产品。从发布第一只鼠标到打造专业监听式耳机，从推出全线游戏产品到进军丰富多样的移动周边，罗技依托强大的技术优势，秉承卓越创新的设计理念，实现了在计算机外设、游戏、数码音乐、家庭娱乐控制、手机及平板外设等多个领域的跨平台发展，多次揽摘 iF、红点、CES 等设计类世界最高奖项。罗技不断创新，旨在为用户提供更加丰富、舒适、有趣、高效、便利、愉快的使用体验，精彩人们的数字生活！

罗技可水洗键盘

可以通过蓝牙连接手机
并控制音量大小

便携的蓝牙音箱

 六 问与答

1. 键盘为什么是这样排列的?

从 IBM 的 PC XT/AT 时代起，计算机键盘主要以 83 键为主，并且持续了相当长的一段时间。但随着 Windows 系统的流行，83 键键盘逐渐被 101 键和 104 键键盘取代。当然其间也曾出现过 102 键、103 键的键盘，但由于推广不善，都只是昙花一现。近来紧接着 104 键键盘出现的是新兴多媒体键盘，它在传统的键盘基础上又增加了不少常用快捷键或音量调节装置，使 PC 操作进一步简化。例如对于收发电子邮件、打开浏览器软件、启动多媒体播放器等都只需要按一个特殊按键即可。同时多媒体键盘在外形上也做了重大改善，着重体现键盘的个性化。不过，就目前而言，再怎么多媒体化结合，键盘的发展都难以逃离"QWERTY"的键位格局，这是一种习惯的妥协，也是一种历史决定的优劣选择。

键盘的雏形是 1868 年美国人克里斯托夫·拉森·肖尔斯发明的英文打字机的组成部分。

最初的打字机键盘是按照英文字母的顺序排布，但在实际使用中出现了问题。你或许会猜是不是这种排布不利于提高打字速度，情况正相反，这种排布的打字速度太快了！受当时机械设备的限制，如果打字的速度过快，打字机会因相邻键杆撞在一起而卡壳。所以肖尔斯设计了"QWERTY"排布，人为地降低了一些常用字母的输入速度。虽然后来打字机的设计制造水平得到提高，卡壳现象几乎不再出现，但"QWERTY"布局的键盘早已深入人心，故而一直沿用至今。

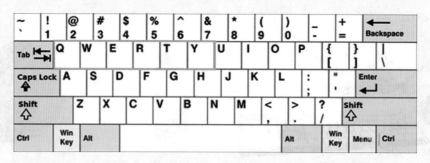

"QWERTY" 排布的键盘

2. 未来，鼠标会被替代吗？

鼠标作为 PC 的标准配件，似乎是计算机不可缺少的伴侣。人们习惯于给台式计算机配备鼠标，有的人甚至在使用笔记本电脑时，也要连接一个鼠标。的确，鼠标可以快速到达精确位置，使用比较省力，用户只需将胳膊放在桌子上，在小范围移动手指和转动手腕即可操作计算机。

但是，鼠标也可能会造成所谓的"鼠标手"问题，影响健康。而且，无论是鼠标还是键盘，都不是人类和计算机最自然的交互方式。随着触屏操作的普及，这种更符合人类自然手势的交互方式，越来越被大家接受。连幼儿都不需要成人教授就可以用手指自主、快速地使用平板电脑、手机等设备。Mac 笔记本和 iPad 触控板的手势控制相当自然流畅，有人在使用 Mac 笔记本时，完全抛弃了鼠标。

当然，现在的鼠标也越来越高级，尤其在专业电竞行业，厂商不断地推陈出新，将鼠标做得越来越好。那么，鼠标还是现代计算机领域最合适的输入方式吗？鼠标操作到底会不会过时？对于这些问题，现在还无法作出准确的回答，唯有时间会给出答案。

3. 关于计算机的输入方式，未来会是怎样的发展趋势？

现有的计算机输入设备，除了常规的键盘之外，还有手写板等。在未来，计算机的输入方式会是怎样的发展趋势呢？

首先，克服物理限制的不便，提升便携性。比如，现在已有的投影键盘，使用激光设备、传感器和红外光束的投影在平面上，比常见的键盘体积更小、更轻便。又如,利用人工智能中的"深度学习"方法,通过语音识别来进行输入。目前,众多的 IT 公司更关注语音识别、手势识别和面部追踪等技术,而这些技术可能会让键盘变成多余的设备。在未来,我们还可以幻想利用脑电波和芯片实现信息的传输。如果这种实验室或科幻电影中的技术走入日常生活中,那真是太神奇了。

其次,信息输入将更多地增加人性化操作。你是否发现,爷爷奶奶辈的老人在第一次接触智能手机或智能平板电脑等电子设备时,操作是多么不习惯、不流畅。你是否想过,可以用"拟物化"的方式,让输入变得更加便捷、高效呢?简单来说,就是将计算机输入的操作方式模拟日常生活使用其他工具的交互方式。比如,多点触控让用户翻页时可以自然采用侧滑,缩小照片时自然采用手指捏合,这些操作更接近人们平时的操作习惯。又或者,像科幻电影中的场景一样:人们站在半透明的 3D 全息显示屏前,帅气地挥挥手掌就能调出所需的数据,通过滑动、拉伸等手势便可轻松访问、放大或退出。随着操作手势越来越丰富和形象,用户会感觉操作的不再是生疏的电子产品,而是日常使用的工具,这正是将日常工具的交互方式一定程度映射到电子产品上。

4. 关于计算机的输出方式,未来会是怎样的发展趋势?

根据贝尔定律,每过十年,计算机的形态会有一次显著的变化。"它会变得更小,更便宜,会有一些新的使用模式,并会产生一个新的产业。"美国著名工业实验室帕克研究中心也曾发表研究称"计算机最终将会消弭于无形,会被编织到生活的纤维中去。"也就是说,在未来,将看不见计算机的物理部件,但是它又实时在提供计算服务。未来,计算机的输出将可以通过全息投影显示出来,给用户带来更具沉浸感的体验。

第二节　物联网

　　各种智能设备正在改变着我们的生活：智慧家居中的智能设备让我们能远程控制家中电器，使生活更加便捷和舒适；智慧交通中的智能设备让我们能实时查看路况，从而进行最优路线选择，不仅让城市道路更加通畅，也让出行更加方便；智慧教育中各种智能设备应用增强了学生的课堂体验……那些曾经看起来像是科幻小说的剧情，正逐渐变为现实。而在这些智能设备的背后，正是"物联网"发挥着作用。

 时间线

物联网的主要发展历程

2008 年
中国第二届移动政务研讨会"知识社会与创新2.0"提出"创新2.0"发展目标

2018 年
世界物联网大会在北京召开，拉开了世界物联网元年的序幕

1998 年
美国麻省理工学院（MIT）的凯文·阿什顿教授提出物联网概念

1990 年
最早的物联网实践：施乐公司的网络可乐贩售机

2005 年
国际电信联盟发布《ITU互联网报告2005：物联网》

2017 年
世界物联网博览会在无锡召开，中国物联网发展迎来新时代

二 体验活动

体验智慧生活

智慧生活不再是科幻故事中的剧情。由于物联网技术的普及，人们的生活正在发生变化。请带着一双发现的眼睛去寻找和思考日常生活中的物联网应用案例。

活动 1 体验共享单车

随着共享经济的到来，各种颜色、品牌的共享单车随处可见。请体验一次共享单车并思考以下问题：

（1）总结共享单车的租借和归还流程。

（2）说一说，在租借和归还共享单车的过程中，"人""软件"和"车"如何进行交互。

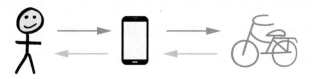

共享单车中的人、软件和车

（3）畅想未来共享单车会具有哪些人机交互的功能。

（4）想一想生活中还有哪些基于物联网的人机交互实例。

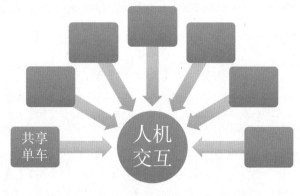

人机互动实例

以摩拜单车为例，每辆车都有一个 SIM 卡，可以和通信基站进行通信。当用户用手机 App 扫描车上的二维码时，手机通过无线网络把车子编号发到共享单车的服务器，服务器直接给车子发送开锁信号，车子的智能模块再通过无线网络把开锁信息传给服务器，服务器把开锁信息传给用户手机，提示开锁成功。摩拜单车还可通过蓝牙提高开锁成功率，当车接收信号太差的时候，服务器会将开锁密码发送给手机，手机通过蓝牙与车连接进行解锁。此外，摩拜单车的 SIM 卡、开锁机械装置和信号接收、发射部件都需要电源，因此车内有一块电池。它依靠自行车运转来机械充电，当人们骑行时，就已经给单车充电了。

活动 2　走进智能生活

传感器在日常生活中应用广泛，使得各种生活用品更加智能，让人们的生活更加便利。请根据以下提示，思考生活中的传感器应用。

（1）阅读概述中关于常用传感器的内容，列举三个实例说明传感器在生活中的应用。

表 2-2　传感器应用与功能

序　号	应 用 场 合	功能（解决的问题）	使用的传感器
1			
2			
3			

（2）选择生活中一个场景，思考如何利用传感器进行改进，例如学校门禁、小区停车引导、公交站屏幕的指示和娱乐等。综合运用一种或多种传感器，设计一款智能装置。绘制智能装置草图，说明其人机交互的过程，并可配合文字

注释说明工作原理。

传感器在生活中的应用非常普遍，无论是远程监测心跳频率并提醒药物服用的先进健康医疗设备，还是跟踪丢失钥匙或利用智能手机关闭烤箱的系统，又或是自动给室内植物浇水的智能养护装置，都离不开传感器的支持。

在现代工业生产尤其是自动化生产过程中，人们还可以用各种传感器来监视和控制各个参数，使设备处于正常或最佳状态，从而保证产品达到最好质量。

三　概述

物 联 网

如果有一天，当你回到家，房门识别主人身份自动开启，空调已提前开启并自动调节到合适的温度，音响播放你喜爱的歌，电饭锅做好了香喷喷的米饭，咖啡也自动泡好了……就好比中国神话故事里的"田螺姑娘"来了，真是太棒了！因为物联网，这些成为现实也许并不遥远。

物联网（Internet of Things，IoT）简单理解就是"物物相连的互联网"。早在 1995 年，比尔·盖兹在《未来之路》一书中提到物联网，当时并未受到关注。直到 1998 年，凯文·阿什顿提出"物联网"概念。2005 年，国际电信联盟在发布的《The Internet of Things》报告中正式采用"物联网"概念。在物联网中，人与人通过网络相互联系，也可以通过网络取得物体的信息，物与物之间也可以互通。物联网代表着未来信息技术在运算与沟通上的演进趋势，这样的过程将需要跨领域的技术创新。随着物联网发展日趋成熟，未来将创造出可实现所有对象（人或物）皆可在任何时间、任何地点相互沟通的环境。物联网中是"物"涵盖了"人与人""物与物"及"人与物"三大范畴。在不久的将来，更小尺寸、更快运行、更灵活敏捷的端到端的物联方式将步入千家万户。

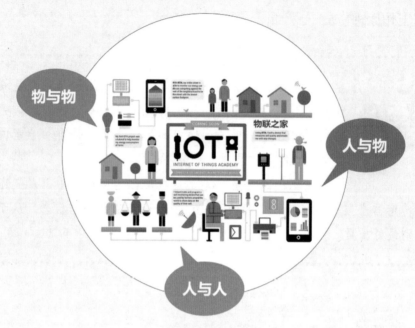

物联网中的"物"

物联网的关键技术

物联网是继互联网后的又一次技术革新。在物联网应用中有三项关键技术：传感器技术、射频识别技术和嵌入式系统技术。

1. 传感器技术

计算机内部处理的都是数字信号。传感器可以把外部环境中采集到的模拟信号转换成数字信号，再输入计算机进行处理。比如智能蔬菜大棚中的灌溉系统采用了温度传感器和湿度传感器。当温度传感器侦测到棚内气温高于预设值，或湿度传感器侦测到空气湿度低于预设值时，系统自动启动水泵进行浇水或者喷雾。

2. 射频识别技术

射频识别（Radio Frequency Identification，RFID）融合了无线射频技术和嵌入式技术，广泛应用于电子标签中。RFID在自动识别、物品物流管理领域有着广阔的应用前景。商店中一些衣物上面的电子标签就是RFID标签。它既能方便店家监控和管理服饰货品的物流情况，也能配合店门口的特有装置预防偷盗。运用RFID技术，可以在供应链管理、零售管理和企业内部管理等环节实现产品的快速扫描与读取，进而实现产品从原料到半成品、成品、运输、

RFID电子标签

仓储、配送、上架、销售，甚至退货处理等环节的实时监控，有助建立安全可靠的管理模式，助力企业实现低成本、高效率的供应链运营体系。

3. 嵌入式系统技术

嵌入式系统技术是综合计算机软硬件、传感器技术、集成电路技术和电子应用技术于一体的复杂技术。目前，具有嵌入式系统的智能终端产品随处可见，小到智能手机，大到卫星系统。嵌入式系统正改变着人们的生活，推动着工业生产以及国防工业的发展。如果用"人体"来对"物联网"作一个简单的对应：传感器相当于人的眼睛、鼻子、皮肤等感官，用于感知外部环境信息；网络相当于神经系统，用于传递信息；嵌入式系统则相当于人的大脑，用于对接收到信息进行处理。

常用传感器

传感器好比人类感官的延伸，帮助人类更加精确地观察、测量外部环境。利用温度传感器可以得到精确的环境温度，利用红外传感器可以探测物体自然发出的红外线，利用力敏传感器可以获得精确的压力大小。

1. 红外传感器

红外传感器是用来探测物体红外线并将其转换成电信号的电子器件，已经在现代科技、国防和工农业生产等领域获得广泛的应用。自动感应水龙头、自动感应门等智能设备都是因为在隐秘处安装了红外传感器，才变得"聪明"了。

红外传感器

2. 温度传感器

温度传感器可以侦测环境温度，在现代农业中应用普遍，比如检测大棚温度。温度传感器是各种温度测量设备的核心部分，其品种繁多，按测量方式可分为接触式和非接触式两大类。

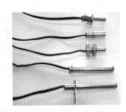

温度传感器

3. 力敏传感器

中高端品牌的汽车一般都配备胎压监测系统。汽车每一个轮毂内安装微型压力传感器来测量轮胎气压，并通过无线电发射器将信息传到驾驶员前方的监视器上。力敏传感器在很多领域都有应用，比如在奥运会跆拳道比赛中，当选手被击中胸部时，力敏传感器会感测压力大小，经过信息过滤和处理后，成为评分参考因素之一。目前力敏传

力敏传感器

感器主要应用于工业自动化系统、机电一体化、科学测试仪器等装备制造业。

4. 运动传感器

运动传感器在生活中应用非常普遍，比如智能手机、计步手环等智能设备中大多都有运动传感器。运动传感器能感测物体的运动情况，如方向、加速度等。如果将运动传感器与 GPS 等其他传感器套件配合，可以更加精确地跟踪物体的运动轨迹。常见的运动传感器有三轴加速度传感器、三轴陀螺仪传感器、三轴地磁传感器等。

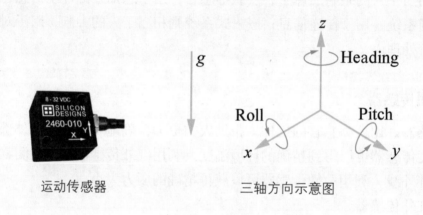

运动传感器　　　　　　三轴方向示意图

5. 声音传感器

声音传感器的作用相当于一个话筒（麦克风），用来接收声波，显示声音的振动图像。声音传感器在生活中的应用非常广泛，比如楼道内的声控灯、路边的噪音分贝显示屏等。在医疗中，也可以利用光纤麦克风对磁场产生天然抗干扰作用，用于核磁共振成像的通信。

声音传感器　　　　　　模块化的声音传感器

6. 气敏传感器

厨房煤气报警器、醉酒驾驶酒精呼气测量仪这类检测气体的仪器都使用了气敏传感器。气敏传感器可用来测量气体的类型、浓度和成分，能把气体中的特定成分检测出来，并将成分参量转换成电信号。气敏传感器的应用主要有：煤气的检测、呼气中乙醇的检测和人体口腔口臭的检测等。

气敏传感器

物联网的技术架构

物联网的技术架构可分为三层：感知层、网络层和应用层。

（1）感知层是物联网识别物体、采集信息的来源，包括 RFID 标签、感测器闸道、闸道连接、RFID 感测器、感测器结点、节能终端等。

（2）网络层是整个物联网的中枢，利用网络和云计算平台来传递和处理感知层获取的信息。

（3）应用层是物联网和用户的接口，与交通、商业、医疗等各行各业的需求进行结合，实现物联网的智能应用。

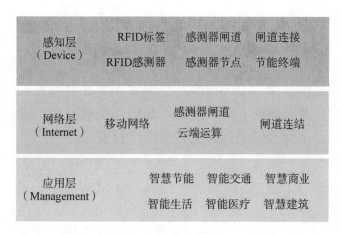

物联网的技术架构

物联网的应用案例

物联网的应用范围相当广泛，依照应用产品或服务的贴身程度，有穿戴式设备、智能汽车、智能家居、智能交通、智慧城市、工业物联网等。物联网的应用范围几乎涵盖了所有的领域。物联网的发展不仅丰富了人们的生活，更创造了一个超乎想象的世界。

物联网的应用

案例1：上海浦东国际机场防入侵系统使用3万多个传感节点，覆盖了地面、栅栏和低空区域，可以智能监测人员的翻越，防止偷渡、恐怖袭击等攻击性入侵。

案例2：济南园博园应用ZigBee路灯控制系统对园区所有的功能性照明实行无线路灯控制。

案例3：物联网助力食品溯源，如肉类源头追溯系统。从2003年开始，中国开始将RFID射频识别技术运用于现代化的动物养殖加工企业，开发出RFID实时生产监控管理系统，以实时监控生产的全过程。该系统可自动、实时、准确地采集主要生产工序与卫生检验、检疫等关键环节的有关数据，有效监控产品的质量安全，及时追踪、追溯问题产品的源头及流向，规范肉类食品企业的生产操作过程，从而有效确保肉类食品的质量安全。

（四）走进名人堂

刘海涛

生于 1968 年，中国国家 973 物联网首席科学家，国家物联网基础标准工作组组长。曾获"中国科学院杰出科技成就奖"。他在物联网领域建树颇多，不仅主导国际物联网标准，还创立物联网企业，促进科研落地，引领中国物联产业发展，被称为"物联网狂人"。

坎坷的成长之路

刘海涛的成长并不顺利，因生活在新疆偏僻的山沟里，他小学没上全，也没考上初中，勉强入读子弟学校，直到初二以后成绩才上来，到初三以后基本是全班第一了。

刘海涛从小性格内向，不善表达交流，导致上大学期间罹患严重的神经衰弱。大一快结束时，他甚至因神经衰弱太严重而没办法坚持学业，被迫休学一年。

领衔中国第一个传感网项目

1998 年冬天，刘海涛入职上海冶金研究所（现中国科学院上海微系统与信息技术研究所，简称上海微系统所），曾担任小卫星计算机的主任设计师。他常在想："如果把单一的传感器连成体系，肯定比单个的厉害呀！"这个念头仿佛是从遥远地方射来的一束火花，将刘海涛头脑中最敏感的那盏灯点亮了。

刘海涛"微系统信息网"的设想得到研究所领导的重视。原本20万的创新经费，后来"加码"到40万。现在看来，这40万元可以说是中国第一个传感网项目的主要经费。

2001年，由刘海涛担纲的中国第一个无线传感网络的课题研究组成立。从2001年到2008年，传感网技术开始在一些地方和领域慢慢得到了应用。刘海涛带领团队做了大量前期工作，成立了三个研究中心。

2008年11月19日，无锡和上海微系统所签约，携手进军微纳科技产业，在无锡建立传感网工程中心。

牵头国家标准，主导国际标准

刘海涛因在物联网领域的成果突出而牵头了国家物联网标准化工作。同时，他还主导了物联网国际标准的制订。

ISO/IEC JTC1 WG7是目前国际上唯一从事物联网、传感网标准制订的国际标准化组织。作为其发起单位之一，刘海涛带领的无锡物联网产业研究院参与了全部国际标准项目起草。其提出的传感器网络体系架构、标准体系、演进路线、协同架构等代表物联网发展方向的顶层设计被 ISO/IEC 国际标准认可。2013年7月，由无锡物联网产业研究院牵头完成的ISO/IEC 20005和ISO/IEC 29182-5两项国际标准正式发布。

五 公司的力量

小米布局物联网

小米的物联网生态

小米公司是智能硬件领域快速崛起的典型，其快速发展得益于强大的互联网思维。在国内布局智能家居领域的厂商中，小米依托"米家"打造物联网生态环境，其市场表现尤为突出。小米创始人雷军曾表示："物联网是当前世界新一轮经济和科技发展的战略制高点之一，给了中国一次前所未有的机会，是我们不能错过、也不应该错过的机遇。"

2013年，小米开始涉足智能家居，只用了短短三年，就在智能硬件领域取得了较大成绩。在CES2017展会上，小米更是公布了一组令人惊叹的数据，基于小米生态链，目前超过 5000 万台智能设备连接至互联网。小米的智能家居战略以庞大的生态链企业及生产覆盖众多领域的智能硬件为核心，以此来构建一个庞大的物联网生态环境。当用户打开米家 APP，会发现已经接入多达 55 款产品，包含照明、安防、小家电、空调等多个品类，且还在源源不断地增加新产品和品类，覆盖到生活的方方面面。

目前，物联网在全球呈现出快速增长的势头，为众多科技公司带来前所未有的机遇。在这样一个群雄逐鹿的智能家居市场中，小米或将有机会率先成为行业王者。

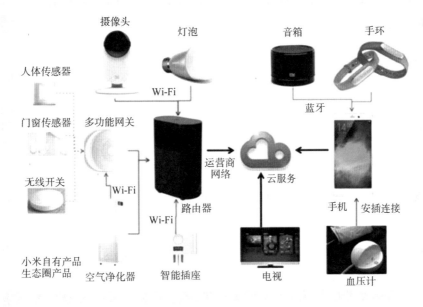

小米物联网生态圈布局示意图

节节攀高的物联网硬件销售业绩

小米发展物联网硬件的商业模式是与有潜力的创业公司进行战略合作，以投资式拓展为主。小米计划在 5 年内投资 100 家复制小米模式的公司，实现快速布局物联网产业链的目标。目前，小米已经布局了智能手环、智能插座、空气净化器、智能家居等。小米在 2014 年底融资 11 亿美元，巨大的现金储备有利于加速其在生态圈的投资。在没有成熟商业模式可借鉴的情况下，小米已经率先取得突破。在中国移动全球合作伙伴大会上，雷军更是表示，其生态链企业智能硬件的年收入有望超过 150 亿元。相比 2015 年，2016 年的营收以成倍的速度增长。除小米手机以外，小米在智能硬件领域率先实现百亿销售规模，

走在了行业前列。

 问与答

1. 物联网也会被"黑"？

在科幻电影中，常可以看到这样的剧情：黑客通过特殊手段接入某大楼安防系统，调取监控，甚至植入特定视频，误人耳目。事实上，物联网系统确实不那么安全。在面临为用户提供更便利还是更安全的物联网设备这道选择题时，厂商几乎无一例外地选择了前者。路由器、卫星接收器、网络存储系统和智能电视等基本设备非常容易被"黑"。在 2015 年 8 月的 DEF CON 23 数字安全大会上，研究人员向所有与会人士演示了如何远程对特斯拉 Model S 车门解锁，发动汽车并将车开走。他们还能够向 Model S 发出一条"致死"命令，让 Model S 关闭系统，然后停车。演示和讲解震惊全场，引起公众要敲响物联网安全警钟的呼声。

2. 物联网产生的数据是否有必要存储？如何存储？

物联网中的一些智能设备所生成的数据大多数只是暂用，不需要存储。但有一些物联网的智能设备，比如摄像头、定时器等，所产生的数据通常可能需要存储一至两个星期，以便这些数据可随时被调用，有些重要的数据甚至需要长期存储。物联网中的数据可被谁使用，是否会危害用户信息安全等问题值得大家思考。你使用智能设备时，智能设备可能正在对你实施跟踪。用户到底该保留哪些隐私权、放弃哪些隐私权在许多国家引起争论。因而，各国需要制订政策，规定哪种类型的数据需要存储、存储多久、谁负责存储、谁可以有权限访问等，以保障物联网的安全使用和维护用户的个人隐私。

3. 物联网可能引发哪些社会问题？

随着物联网的发展，智能设备的数量估计每年会增长一倍，到 2020 年将达到 250 亿个。伴随这种增长的将是急剧上升的能源需求，其增幅与互联网带来的需求增幅相当。2012 年，支撑互联网的数据中心每年耗电量大约达到 300

亿瓦（一座中型城镇的供电量），物联网需要的耗电量更大。即便有了经过改进的电池以及像太阳能和风能这些绿色能源，满足用电需求还是很困难。因此为物联网供电在今后十年将成为一个重大的研究课题。此外，物联网中众多的电子设备需求必然会产生大量的电子垃圾。据统计，目前只有不到20%的电子垃圾被回收。很多电子垃圾被运往发展中国家，在不安全工作环境下被利用又进一步引发一系列环境污染问题。

4. 物联网的"坎"在哪里？

物联网的未来虽美，但经过这么多年的发展，目前仍然处在较为低级的阶段。原因之一是欠缺相对统一的物联网标准；原因之二是目前的物联网系统尚处在群雄逐鹿的混战阶段。

（1）物联网标准的缺位。

当下的物联网缺少标准。比如硬件产品的接口缺少统一标准，同样功能的产品，不同厂商生产产品的硬件接口往往不同，导致用户一旦购买某品牌设备，后续出现问题只能再购买该公司产品，否则只能替换整套设备。这种由于缺乏标准而导致的兼容性问题限制了用户的自由选择权力，实际是对用户利益的绑架，不利于行业的健康发展。

（2）群雄逐鹿的系统。

物联网的操作系统可谓"群雄逐鹿"，无法稳定。苹果（Apple）、谷歌（Google）这些巨头公司和许多小厂商都推出自己的物联网系统,希望赢得市场。

总之，无论是标准的欠缺还是系统的多样性，在物联网的未来发展之路上，这两个坎都是必须迈过去的。但如何迈过去依然存在大问题，最好的方式是通过充分的市场竞争，让市场这只看不见的手来调节。最后，相信时间会给出一个最适合的答案。

第三章

志"存"高远 "储储"动人

"冯·诺依曼结构"奠定了计算机的体系结构基础。冯·诺依曼体系计算机的一大特点是必须具有存储程序和数据的存储设备。自此,"存储"便与计算机结下了不解之缘。

随着计算机性能需求的提升,人们对存储设备提出更高的要求。存储材质从磁介质、硅介质,到坚硬的蓝宝石介质不断变化;存储容量从几KB飞跃到几十TB,存储设备的体积也越来越小。今天,大家对于GB级容量以上的移动硬盘已经司空见惯,可是仅仅在20年前,这样容量的硬盘还同冰箱大小相仿。

存储技术一直在不断发展,存储形式也越来越多样。人们现在可以根据需要选择更多元、更简单、更高效的存储方式,比如云存储。

活了一百年却只能记住30M字节是荒谬的。你知道,这比一张压缩盘还要少。人类境况正在变得日趋退化。

——马文·闵斯基

笔记本电脑有这么一大优点:不管你往里塞多少东西,它都不会变大变沉。

——比尔·盖茨

第一节 存储设备

　　我们能感受到周围世界的一切，其实就是将周围环境的信息输送到大脑，并存储下来。在当今信息大爆炸的时代，仅仅靠大脑来存储信息是远远不够的。有数据统计显示，纽约时报一周的信息量相当于 17 世纪一个人一生接收的信息量。当越来越多的信息涌来的时候，我们越发需要存储设备。

 时间线

存储设备的发展史

1967 年　固态硬盘
贝尔实验室的韩裔科学家姜大元和华裔科学家施敏一起发明了浮栅晶体管(Floating Gate Transistor)，它是固态硬盘的基础 NAND Flash 的技术来源

1951 年　磁带
磁带被作为数据存储设备使用，当时被称为 UNISERVO

1958 年　光盘
大卫·格雷格(David Gregg)发明激光光盘技术，1987 年光盘进入市场

1932 年　磁鼓存储器
奥地利的古斯塔夫·塔斯切克(Gustav Tauschek)发明了磁鼓存储器

1888 年　穿孔卡与穿孔纸带
IBM 公司创始人赫尔曼·霍尔瑞斯教授发明自动制表机——首个使用打孔卡技术的数据处理机器

1946 年　选数管
由于磁芯存储器的迅速普及，选数管从来没有投入生产

1956 年　机械硬盘
IBM305 RAMAC 计算机问世，随之一起诞生的是世界上第一款硬盘——IBM Model 350 机械硬盘

1957 年　软盘
IBM 公司推出世界上第一张"软盘"，直径 32 英寸

穿孔卡与穿孔纸带

磁鼓存储器

磁带

选数管

机械硬盘

光盘

软盘

固态硬盘

 体验活动

测试计算机外部存储设备的性能

计算机高效存储信息与管理信息的方式给我们带来极大便利。在计算机之间传输信息往往需要用到的移动存储设备属于计算机外部存储设备，常用的移动存储设备有移动硬盘、U 盘等。

活动 1 查看不同外存储设备的属性

（1）插入外存储设备。

笔记本电脑侧面及台式计算机后面都有长方形的"USB"接口，将 U 盘插入 USB 接口即可实行连接。

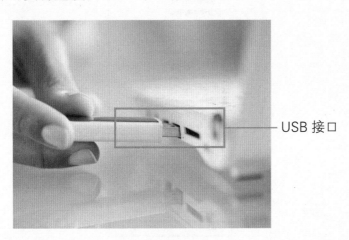

插入 U 盘

（2）查看存储设备容量。

打开"计算机"，在"有可移动的存储设备"中找到插入的存储设备，查看该存储设备的容量。

查看 U 盘容量

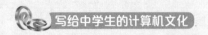

（3）查看存储设备属性。

选中U盘，右击鼠标，点击"属性"，查看设备信息。

U 盘属性界面

（4）思考。

根据属性，记录U盘的总空间、可用空间和已用空间的容量大小。思考总空间的容量大小为何小于U盘标注的容量大小。

计算机数据只有0、1两种二进制状态，每一种状态占用一个"位"。位（bit，简称b）是量度信息的最小单位。每8个位组成一个字节（Byte，简写B），即1Byte=8bit。1KB=1024Byte，1MB=1024KB，1GB=1024MB，1TB=1024GB。

硬盘厂商通常采用1:1000的换算方式，即1KB=1000Byte、1MB=1000KB、1GB=1000MB、1TB=1000GB，因此硬盘标注的容量大小与计算机显示的容量不一样。

活动2 比较光盘、移动硬盘、U 盘的存取速度

通过使用身边的移动存储设备来对比光盘、移动硬盘、U 盘的存取速度。

（1）准备。

准备一个大于 1000MB 的文件放在计算机桌面上（视频、音频都可以），同时准备一个计时器。

（2）复制文件并计时。

将光盘、移动硬盘和 U 盘依次与计算机相连。将准备的文件复制到不同存储设备中，同时按下计时器的计时按钮，在复制完成时停止计时，在下表中记录用时。

表 3-1 存储设备对比

存 储 设 备	文 件 大 小	用时（秒）
光盘		
移动硬盘		
U 盘		

（3）计算存储设备存取速度。

根据上表的数据，计算光盘、移动硬盘和 U 盘的数据传输速度。

$$传输速度 = \frac{数据量大小（文件大小，MB）}{时间（秒）}$$

然后根据计算结果，按传输速度的快慢对上述设备进行排序。

最后得出的结论是"传输速度：硬盘＞U 盘＞光盘"吗？如果你的结果和这个结果不一样，那并不代表你一定错了。因为影响传输速度的因素除了介质还有容量等。

三 概述

计算机存储器

1946年，冯·诺伊曼提出计算机应该由五部分组成，分别是运算器、控制器、存储器、输入设备和输出设备。存储器用来存放程序和数据。计算机中的全部信息都保存在存储器中。自第一台冯·诺伊曼计算机问世以来，计算机的存储器也在不断发展。计算机的存储器分为内存和外存。

计算机内存分类

内存分为两大类：断电后数据会丢失的易失性随机存取存储器（Random Access Memory，RAM）和断电后数据不易丢失的非易失性只读存储器（Read Only Memory，ROM）。

1. RAM

RAM 即通常讲的计算机的内存（或者智能手机的运行内存）。与大容量的硬盘不同，内存在存储设备中算是比较特殊的一员。内存的存取速度很快，但是断电后不能保存存入的信息，因此实际应用中，内存一直扮演着中转站的角色。

早期的 PC 机内存容量非常小，不需要占用主板过多的空间，因此早期计算机中的内存直接焊接在主板上。随着计算机的性能提升，可更换内存的设计应运而生。在80286（Intel 公司于 1982 年发明的处理器型号）时代，内存的早期形式是 SIMM（Single In-line Memory Modules）规格。SIMM 内存针脚最初采用 30Pin 设计，后来发展为 72Pin，并且只需要安装 2 条内存就能够支持计算机正常工作。内存大小也由 256KB 逐渐增加到了 2MB。

SIMM 的成功证明了内存可更换设计非常有必要，但内存规格在保持可更换设计的同时需要进一步改进，于是产生了新的内存规范：SDRAM。第一代 SDRAM 被称为 SDR SDRAM（Single Data Rate SDRAM）。SDRAM 为内存带来新的生机，其 64bit 的带宽与当时处理器的总线宽度保持一致，意味着一条 SDRAM 就能够让计算机正常运行，这样大大地降低了内存的购买成本。在用户需求的推动下，DDR SDRAM（Dual Date Rate SDRAM）快速发展起来，在很长的一段时间内成为所有主板的标准配置。市场认可之下的 DDR 快速发展，经历了 DDR2、DDR3 和 DDR4 的阶段。不过每一代 SDRAM 的更新都会伴随着

采用 SIMM 内存的 80286 处理器

插槽定义的变化，这也意味着用户需要更换最新的主板才能兼容最新的内存。

2. ROM

ROM 最初采用线路最简单的半导体电路，通过掩模工艺，一次性将代码与数据永久保存（除非 ROM 坏掉），不能进行修改。

随着市场对可编程存储器的需求提升，可编程只读存储器 PROM（Programmable Red Only Memory）应运而生。

PROM 在出厂时，存储的内容全为 1。用户可以根据需要写入数据 0（部分 PROM 在出厂时数据全为 0，则用户可以写入 1），以实现对其"编程"，但只允许写入一次。

PROM 类型存储器的成功让人们看到了可编程存储器的前景。随后以色列工程师多夫·弗罗曼于 1970 年提出可擦写可编程只读存储器 EPROM（Erasable Programmable Read Only Memory）。EPROM 的特点是具有可擦除功能，利用紫外线照射擦除内容，使存储器可进行反复编程。这一类存储器特别容易识别，其封装中包含有"石英玻璃窗"。一个编程后的 EPROM 芯片的"石英玻璃窗"一般使用黑色不干胶纸盖住，以防止遭到阳光直射。

由于 EPROM 操作的不便，休斯航空公司的艾利·哈拉里（Eli Harari）于 1977 年发明了电可擦可编程只读存储器 EEPROM（Electrically Erasable Programmable Read-Only Memory）。EEPROM 的最大优点是可直接用电信号擦除，也可用电信号写入。简单操控、可重复擦除的 EEPROM 得到市场认可后，发展出了改进产品闪存（Flash Memory）。闪存的最大特点是按块（Block）擦除（每个区块的大小不定，不同厂家的产品有不同的规格），突破了 EEPROM 一次只可擦除一个字节的限制。目前"闪存"被广泛用在 PC 机的主板上，用来保存 BIOS 程序，便于进行程序的升级。另外因为其具有抗震强、速度快、无噪声、耗电低的优点，还用来作为硬盘的替代品。

计算机外存储器的介质

计算机硬件的每一次跨越式发展总是伴随着新技术、新材料的突破。计算机存储器也因介质材料和制作工艺的发展而不断更新换代，从而变得容量越来越大、读写速度越来越快。

1. 磁性介质

磁鼓（Magnetic Drum）、磁带（Magnetic Tape）、软盘（Floppy Disk）和硬盘（Hard Disk）等都是磁性介质的存储器。

磁鼓利用铝鼓筒表面涂覆的磁性材料来存储数据。鼓筒旋转速度很高，因此存取速度快。磁鼓最大的缺点是利用率不高，一个大圆柱体只有表面一层用于存储，因此当磁盘出现后，磁鼓就被淘汰了。

软盘在 20 世纪 90 年代应用非常广泛。目前磁盘的使用率越来越低，只有在军事等少数行业还在使用。其优点是价格便宜，缺点是速度慢、可靠性差、存储量小。

硬盘是目前使用最多的外存储设备。硬盘速度快，成本低，因此硬盘已基本替代其他的磁存储设备。

2. 光学介质

光学介质的存储器主要为光盘。

光盘使用激光读盘，最常见的是 CD-ROM。光学介质的可靠性极好，且价格低，是传输文件的优良介质，但其读写速度慢，且只可写一次，因而不适用于备份。

3. 半导体介质

半导体介质的存储器主要为固态存储器（SD 卡、U 盘等）。

固态存储器通过存储芯片内部晶体管的开关状态来存储数据。固态存储器具有耗电少、抗震性强的优点，但是成本较高。目前大容量存储中仍然使用机械式硬盘。但在小容量、超高速、小体积的电子设备中，固态存储器拥有非常大的优势。

不同的计算机外存储器的存储原理

1. 磁存储

磁存储技术是通过磁化磁盘或磁带表面的微粒来存储数据的。微粒可以通过磁头的磁化排列出有规律的分布，因此，磁存储介质既可以保存数据又可以再次修改。

硬盘采用磁存储技术来存储数据。硬盘由一至数片高速转动的磁盘以及放在执行器悬臂上的磁头构成。磁盘数目越多，数据存储容量越大。磁盘会以每分钟数千转的转速（通常为5400转/分钟或7200转/分钟）围绕固定轴转动。所有的磁盘都固定在一个旋转轴上，这个轴即盘片主轴。每个磁盘的存储面上都有一个磁头，磁头像一支铅笔，而磁盘片像书写本，这支铅笔与书写本之间的距离比头发丝的直径还小。所有磁盘绝对平行，若两个磁盘碰触，轻则数据丢失，重则磁盘损坏。所有的磁头连在一个磁头控制器上，由磁头控制器负责各个磁头的运动。磁盘高速旋转，磁头就能在磁盘上的指

硬盘内部

定位置进行数据的读写操作。当需删除数据时，可将磁头记录的信息覆盖。磁盘经过多次覆盖，也会像被橡皮擦反复擦除的纸张一样受到损坏。硬盘的读写采用随机存取的方式，因此可以任意顺序读取硬盘中的数据。

2. 光存储

运用光存储技术的存储设备主要是光盘。光盘通过其表面的微光点和暗点存储数据，暗点为凹点，每个都非常微小。光驱动器上有一个使光盘围绕激光透镜旋转的轴，激光束通过透镜投射到光盘上面，由于光盘表面的凹点与其他部分反射不同，从而读取出"0"和"1"的序列。光盘表面有一层透明的塑料，相对于磁存储介质，其更不容易受环境影响（如灰尘、温度等）。但是光盘没有磁存储介质那样坚固的外壳，容易有划痕而影响数据的保存与传输。通常情况下，光盘使用寿命在30年以上，可用于长期数据

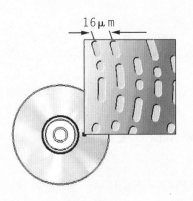

光盘上的凹点

保存。

3. 固态存储

固态存储器通过存储芯片内部晶体管的开关状态来存储数据。晶体管成对出现，当晶体管的"门"打开，电流可以通过，此时的值表示"1"，反之，晶体管的门关闭，电流不能通过，则表示为"0"。晶体管在完成开关门时需要的功率很低，一旦数据存储则不易遗失。相对于磁存储技术，它一般不会受到震动、磁场等环境条件的影响，使用寿命更长。

四 走进名人堂

艾利·哈拉里

艾利·哈拉里，1903年12月出生于匈牙利布达佩斯，后入籍美国。艾利·哈拉里拥有英国曼彻斯特大学和美国普林斯顿大学的学位，是一位著名的物理学家。他因在闪存领域的突破性创新成果促进了闪存技术的发展和商业化进程而入驻美国国家发明家名人堂。

初创公司

1988年，哈拉里与桑贾·梅洛特（Sanjay Mehrotra）及杰克·元（Jack Yuan）一道创办了闪迪公司（SanDisk）。

最初两年，SanDisk开发了4MB闪存芯片。1995年，SanDisk与柯达、佳能及宝丽来共同制订了一系列可移动闪存卡标准的技术规范。但是，哈拉里一直期待的采用闪存产品的数码相机市场的形成极为缓慢。

正确决策

SanDisk 于 2000 年初决定与日本东芝公司合作成立合资公司，可谓公司的转折点。这家名为"Flash Vision"的合资公司，集 SanDisk 多层存储单元（Multi Level Cell，MLC）技术（采用此技术，每个闪存存储单元可存储多个数据位）和日本芯片巨人在 NAND 闪存领域的专长于一身。"Flash Vision"生产的 NAND 闪存芯片成本低廉，又能更快地记录数据。

2001 年，IT 行业恰好处于低谷，SanDisk 的产品销售也随之一路下滑。那一年，公司亏损近 3 亿美元，被迫裁员 40%。然而哈拉里没有绝望，通过与东芝公司保持关系维持公司的正常运转。过后"Flash Vision"的发展一路高歌猛进。这家合资公司被称作"很可能是半导体行业有史以来最为成功的合作"。

富有远见

2006 年，SanDisk 在全球 NAND 制造市场占据 10% 的份额，这与哈拉里的远见分不开。尽管SanDisk的制造成本增长迅速，但是有能力生产属于自己的、具备领先技术的芯片对于公司的其他业务来说是无价的。由于能够自行生产多数芯片，SanDisk 闪存卡成本不足竞争对手的一半。

绝大多数采用闪存的产品都需要用控制器来实现数据出入芯片的传输，并负责纠错。虽然其他 NAND 厂商都从第三方厂商处采购控制器，但 SanDisk 的多数控制器都坚持自行开发，这样不仅提高了芯片的性能，还缩短了将产品推向市场的时间。

正是艾利·哈拉里富有远见地坚持自主研发和创新带领公司一步步走向辉煌。

五 公司的力量

希捷——创新的力量

引领硬盘发展的希捷

说到硬盘，不得不提及目前最大的硬盘厂商——希捷。

希捷图标

1979 年，阿兰·舒加特（Alan Shugart）和合作伙伴在一家便利店的后面创立舒加特技术公司，后来经过改革最终定名为 Seagate（希捷）。

1980 年，希捷推出第一款 5.25 英寸的微型温彻斯特硬盘。该产品可被看作目前使用的硬盘的鼻祖。1991 年，希捷给硬盘又带来划时代的一笔，他们推出了世界首款 7200 转硬盘。此后很多年，不论硬盘容量发生多大的变化，7200 转硬盘仍是民用硬盘最常用的规格。

1996 年，希捷推出世界第一款 Cheetah 10K 的 3.5 英寸、1 万转硬盘，容量分别为 4.5GB 与 9GB。同年，希捷成为年收入 70 亿美元，市场占有率达 30% 的第一大硬盘厂商。

挫折后再创辉煌

希捷硬盘产品

1998 年，公司销售额比上一年下降了将近 25%。为赢回市场，2004 年，在硬盘市场不景气的情况之下，希捷改变策略，在全球范围内对其桌面级硬盘及笔记本电脑用硬盘施行长达五年售后服务。

2008 年，希捷成为全球首个硬盘出货超过 10 亿的厂商，其销售硬盘总存储量已经达到 79000000TB，能够存储 1580 亿小时的视频，或 1.2

万亿小时的音乐。

　　纵观希捷的发展历程，其制胜的关键在于不断创新，开发先进的硬盘驱动器产品。它在 1 英寸、2.5 英寸、3.5 英寸等不同尺寸规格的内接和外接产品领域一直是市场的领导者。

 问与答

1. 计算机最重要的外部存储设备是硬盘，它是怎么发展成为现在样子的呢？

　　说起硬盘的发展，不得不提到蓝色巨人 IBM 公司所发挥的重要作用。IBM 发明了硬盘，并且为硬盘的发展做出了一系列重大贡献。

　　1956 年 9 月，IBM 向世界展示了第一台商用硬盘 IBM 350 RAMAC（Random Access Method of Accounting and Control）。这套磁盘存储系统的总容量只有 5MB，却是一个由 50 个直径为 24 英寸的磁盘组成的庞然大物。1968 年，IBM 首次提出"温彻斯特"（Winchester）技术理论。"温彻斯特"技术的精髓是"使用密封、固定并高速旋转的镀磁盘片，磁头沿盘片径向移动，磁头悬浮在高速转动的盘片上方，而不与盘片直接接触"，这便是现代硬盘的原型。1973 年，IBM 制造出第一台采用"温彻斯特"技术的硬盘，从此奠定硬盘的结构基础。1979 年，IBM 发明了薄膜磁头，为进一步减小硬盘体积、增大容量、提高读写速度提供了可能。20 世纪 70 年代末至 80 年代初是微型计算机的萌芽时期，包括希捷、昆腾（Quantum）、迈拓（Maxtor）在内的许多著名硬盘厂商都诞生于这一段时间。1979 年，IBM 的两名员工阿兰·舒加特（Alan Shugart）和费纳斯·考纳（Finis Conner）决定离开 IBM 组建希捷公司开发像软驱那样大小的硬盘驱动器。次年，希捷发布第一款适合于微型计算机使用的硬盘，容量为 5MB，体积与软驱相仿。

　　20 世纪 80 年代末期，IBM 对硬盘发展的又一项重大贡献是发明了 MR（Magneto Resistive）磁头。这种磁头在读取数据时对信号变化相当敏感，使得磁盘的存储密度比以往提高数十倍。1991 年，IBM 生产的 3.5 英寸硬盘使用了 MR 磁头，容量首次达到 1GB，从此硬盘容量开始进入 GB 数量级的时代。1999 年 9 月 7 日，迈拓公司推出首块单碟容量高达 10.2GB 的 ATA 硬盘，把硬盘的容量又提升到一个新高度。2001 年，1.8 寸大小的移动硬盘问世。2006 年，

磁存储技术面临重大的技术瓶颈，为解决这个问题，希捷推出垂直记录技术。2012 年后，固态硬盘蓬勃发展，传统磁盘渐渐滞步不前。

2. 未来的存储设备是什么样的呢?

未来存储设备的发展方向有很多，目前提出的新技术有 DNA 存储技术、光量子存储技术等。

瑞士联邦技术研究所的研究团队提出使用 DNA 分子来存储信息的方法，并提出一个数学算法来解码 DNA 分子上的编码信息。若该技术成熟应用，大概 28 克左右的 DNA 分子便能够存储 30 万 TB 的信息数据，并且保存长达至少 100 万年。但是目前科学家能够读取 DNA 分子中的整块信息，却不能指向特定的 DNA 信息片段的数据块，相当于能够读取一个全文件，但无法定位读取指定片段。

光量子存储技术是指通过光纤传输单光子作为量子信息载体，从而实现信息存储。使用这种方法有两个优势：（1）存储器寿命长，光子的传输对于设备基本没有影响。（2）保真度高，采用量子存储器读出的光子与存储的光子会完全一致。

未来存储设备可能多种多样，至于哪一种技术更早成熟，让我们拭目以待吧。

3. 是否所有的信息都需要存储?

信息随时在产生。今天是晴天还是雨天，刚才路过的人的衣服是红色的，今天早餐吃的不是包子而是油条，自己的生日是 10 月 1 日……各种信息时时刻刻包围着我们，这些信息都是有用的吗？都需要记录下来吗？

以目前的技术而言，将世界上所有的信息保存下来是不可能的。并且对一个人而言，很多信息不需要保存，绝大多数的信息也只需要保存一段时间。比如，一般情况下，路过的人的衣服颜色不需要存储，几天前吃的早餐是什么也不需要记得。因此将哪些信息存储下来需要我们仔细分辨。

除此之外，信息存储还涉及一系列的伦理道德问题。在经典英剧《黑镜》第一季第三集《你的全部历史》中就有对保存每个人生命中全部事件所带来问题的反思。未来人类都在头部植入一块记忆芯片，经历过的所有事情都以视频方式保存下来，可随时调用、播放和删除，也可投射在电视机上给别人观看。

除了揭示高科技这把双刃剑，这个故事还拷问了记忆、信任、真相的价值。正如剧中那个被抢走记忆芯片的女配角所言，没了记忆，反而开心。

4. 设置计算机开机密码后，本地磁盘的数据就安全了吗？

通常来讲，设置计算机开机密码仅仅是保护计算机数据安全的第一步。即使设置计算机开机密码，仍可通过其他方式把硬盘数据读取出来。

（1）通过拆卸硬盘。目前除了少数计算机之外，大部分计算机的硬盘都是可以拆卸的。此设计的目的是为了便于计算机的修理，但这也成了计算机数据丢失的途径。

（2）通过 PE（Windows PreInstallation Environment，Windows 预装环境）绕过计算机系统直接读取硬盘的数据。通过 PE 还可以修改计算机系统的开机密码。

除此之外，计算机病毒也可以直接盗取计算机数据。因此，仅仅设置开机密码不能够完全保证数据的安全。要保护数据，还要保护好计算机的硬件不被物理破坏，不随便插装 U 盘等。需要保密的计算机建议不连接网络。对于个人用户而言，还可以使用文件加密软件对隐私数据进行加密等。

第二节　存储管理

计算机存储设备的发展不仅在于容器上的改变，还在于这个容器怎样管理信息的机制。随着计算机存储信息数量的不断增大，计算机操作系统中的管理系统也在不断发展。与此同时，计算机存储也不再局限于保存在本地，比如云端存储的蓬勃发展改变了存储管理的方式。

 时间线

云存储的发展

1962 年
利克里德尔（J.C.Licklider）提出"星际计算机网络"设想，进一步推动了计算机互通互联

1996 年
网络计算 Globus 开源网络平台开始正式上线，进一步活跃了分布式计算机市场

1961 年
约翰·麦卡锡提出将计算能力像公共事业中的水电一样提供给人们使用的理念，成为了云计算的思想起源

1983 年
SUN 公司提出"网络是计算机"的概念，用于描述分布式计算机技术带来的新局面，同时将计算机技术与网络技术进行了一次概念融合

1999 年
马克·安德森（Marc Andressen）创建 Loud Cloud——第一个商业化的 IaaS（Infrastructure as a Service）服务平台

 **体验活动**

体验多种存储方式

除了计算机硬盘，日常生活中常使用移动硬盘（或者 U 盘）来存储数据，有时也会使用云存储。目前，存储数据的方式很多样，我们可根据需要选择合适的存储方式并掌握相应的使用技巧。

活动 1 格式化 U 盘

（1）打开计算机资源管理器，找到 U 盘，查看并备份 U 盘中的资料。

2006 年 8 月
谷歌时任首席执行官埃里克·施密特在搜索引擎大会首次提出"云计算"的概念

2002 年
亚马逊（Amazon）推出网络服务，即现在的亚马逊云服务平台

2000 年
SaaS（Software as a Service，软件即服务）开始流行

2007 年
国内外互联网巨头先后推出各自的 PaaS（Platform as a Service）服务平台

2006 年 3 月
亚马逊推出弹性计算云（Elastic Compute Cloud, EC2）服务

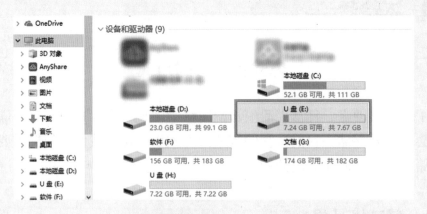

"资源管理器"中的"U盘"界面

（2）在U盘图标上右击，在弹出选项框中选择"格式化"。

（3）在弹出窗口中选择格式化的格式。

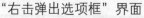

"右击弹出选项框"界面　　　　　"磁盘格式选择"界面

提示板

　　如果在Windows系统上使用可移动设备，只需要将移动设备格式化为NTFS即可。但是要在Windows和MacOS系统上都使用，则需要将移动设备格式化为exFAT，因为NTFS格式不支持在MacOS系统上进行写入操作。

活动 2 体验云存储

（1）安装腾讯微云客户端。网上搜索腾讯微云，下载并安装腾讯微云客户端。使用 QQ 账号或微信账号登录。

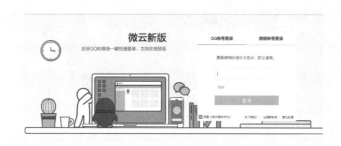

腾讯微云首页

（2）设置文件显示形式。登录以后，可对文件的显示形式进行设置。"微云"有两种文件显示方式（缩略图显示和列表显示），可以根据个人使用习惯来设置。

微云界面

（3）上传、删除或下载文件。点击左上角的"添加"，然后选择本地计算机上的文件，点击"上传"即可进行文件上传。为便于归类，可选择文件夹进行上传。

文件上传界面

如需要删除微云中的文件，可找到文件类别，选中文件右击，点击菜单上面的"删除"按钮，然后在删除弹窗中确认即可。如需将某些文件下载下来，可选中文件，点击上面的"下载"按钮即可。在任务列表中可以看到下载内容和进度。

（4）分享文件。如果觉得有个文件很好，想和好友分享，只需选中要分享的文件右击，选择"分享"按钮。这时会出现一个链接，将链接复制给好友就可以了。如果想要加密，也可以点击上面"添加访问密码"的按钮。

文件分享界面

 概述

计算机文件管理

计算机存储硬件设备仅仅是容器。计算机存储信息还需像日常生活中归纳整理物品一样做好分类与整理。良好的计算机文件管理可以极大地促进信息的处理效率。

计算机文件管理系统

文件管理系统（简称文件系统）是操作系统用于明确存储设备（常见的是磁盘，也有基于 NAND Flash 的固态硬盘）上的文件的方法和数据结构，是在存储设备上组织文件的方法。操作系统中的文件系统负责管理和存储文件。文件系统由三部分组成：文件系统的接口、对象操纵和管理的软件集合和对象及属性。文件系统是为了配合操作系统的特性而开发出来的。不同的文件系统都有其独特的特性。

1. FAT

FAT 是 File Allocation Table 的简称，是微软在 Dos/Windows 系列操作系统中使用的一种文件系统的总称。FAT12、FAT16、FAT32 均是 FAT 文件系统。FAT 文件系统将硬盘分为 MBR 区、DBR 区、FAT 区、FDT 区、DADT 区等 5 个区域。该文件系统只能支持 4G 以内的文件传输。

2. NTFS

NTFS 文件系统是一个基于安全性的文件系统，是 Windows NT 操作系统所采用的独特的文件系统结构。它是建立在保护文件和目录数据基础上，同时节省存储资源、减少磁盘占用量的一种先进的文件系统。

3. exFAT

exFAT 全称 Extended File Allocation Table File System，即扩展 FAT（扩展文件分配表），是微软在 Windows Embeded 5.0 以上（包括 Windows CE 5.0、6.0、Windows Mobile5、6、6.1）操作系统中引入的一种适合闪存的文件系统，旨在解决 FAT32 等不支持 4G 及更大文件的传输问题。

4. RAW

RAW 文件系统是一种磁盘未经处理或者未经格式化形成的文件系统。一般没有格式化、格式化中途取消操作、硬盘出现坏道、硬盘出现不可预知的错

误或病毒可能造成正常文件系统变成 RAW 文件系统。出现这种情况时，需要用专业的磁盘分区工具对存储设备进行重新分区。

5. HFS

分层文件系统（Hierarchical File System，HFS）是一种应用于早期 MacOS 操作系统上的文件系统。最初被设计用于软盘和硬盘，同时也用于只读媒体如 CD-ROM 上。

6. APFS

苹果公司在 2016 年 WWDC 上正式发布全新的文件系统——Apple File System（简称 APFS）。APFS 具有两大功能：文件克隆和空间共享，以及从克隆衍生出的磁盘快照。文件克隆改变了以往文件系统复制文件时必须额外腾出空间来储存这份复制文档的问题。在 APFS 下，复制文件不会占用同等的空间，它只储存有变化的数据，然后快速地将其提取出来。

计 算 机 文 件

计算机的信息管理主要通过文件管理系统实现，计算机中的所有信息都以计算机文件存储。计算机文件是位于存储介质上的已命名数据集。计算机文件可以包括一组记录、文档、照片、音乐、视频、电子邮件或者计算机程序等。

计算机文件的命名规则

计算机文件为了方便查找都会有一个文件名和文件扩展名。在保存文件时，必须提供符合特定规则的有效文件名，这些特定的规则称为计算机文件命名规范。不同操作系统的计算机文件命名规范有所不同，目前渐渐趋于统一。下面为 Windows 系统的命名规范：

（1）文件名称不区分大小写。

（2）文件名、路径和扩展名不能超过 255 个字符。

（3）允许数字和空格出现。

（4）不允许出现的文件名有 AuxCom1、Com2、Com3、Com4、Con、Lpt1、Lpt2、Lpt3、Prn、Nul。

（5）不允许出现的字符有 *\:<>|" /?。

目前的主流操作系统都支持最长达 255 个字符的文件名，但是这 255 个字符包含了驱动器名、文件夹名、文件名和扩展名。实际上文件可命名的长度远远达不到 255 个字符。在命名文件时最好具有明确的含义，例如"2017–10–5 秋游锦江乐园"这样易理解和归类的名字。

计算机文件扩展名

计算机文件按照不同的格式和用途分很多种类。为便于对计算机文件进行管理和识别,计算机文件名格式中引入了拓展名,即文件名格式为"主文件名.扩展名"。例如"科学.txt",其中"科学"是主文件名, ".txt"为扩展名。根据拓展名可知这个文件是一个纯文本文件。每一种应用软件都有特定的文件格式，不同文件格式具有不同的文件扩展名，例如 Word 文档的扩展名是 .doc 或者 .docx。计算机通过文件扩展名识别并判定文件类型。拓展名不可以轻易更改，那么如果一个文件的扩展名发生改变会怎样呢？以 .mp3 文件为例，如将其改为 .doc 文件，这个文件既不能够通过 Word 来打开，也不能通过 mp3 播放器打开。常见的文件扩展名如下表所示。

表 3–2 常见的文件扩展名

文 件 类 型	扩 展 名
文字	.txt、.dat、.rtf、.doc、.docx、.pages
声音	.wav、.aif、.au、.mp3、.ram、.wma、.m4p、.aac、.flac
图形	.bmp、.gif、.jpg、.pic、.png、.tif、.wmf、.gif
动画 / 视频	.flc、.swf、.avi、.mpg、.mp4、.mov、.rm、.wmv
网页	.htm、.html、.asp、.php
电子表格	.xls、.xlsx、.numbers
数据库	.accdb、.odb

不同的文件拓展名对应不同的文件格式。文件格式是指存储在文件中的数据的组织和排列。文件格式通常包括文件头和数据,还可能包括文件终止标记。

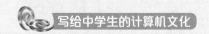

文件头是有关该文件信息的数据，通常为创建时间、更新日期、文件大小以及文件类型。文件中剩余的部分则为文件的数据，例如 Word 文档中不仅仅包含文字，其中还有段落、行间距、字体、字号等信息。

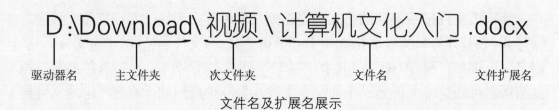

文件名及扩展名展示

若计算机系统将文件扩展名隐藏了起来，可以选择文件夹上方的"查看"，勾选文件夹扩展名，这样就可以看到文件的扩展名了。

设置扩展名可见界面

云 存 储

云存储是一种网络在线存储的模式，即把数据存放在通常由第三方托管的多台虚拟服务器上。常见的云存储应用有云盘、网盘等。云盘是提供文件寄存和文件上下载服务的网站，可以把云盘看成一个放在网络上的硬盘或 U 盘，任何人都可以在任何时间、任何地点通过互联网来访问文件。只要用户连接网络就可以管理、编辑网盘里的文件。

四 走进名人堂

莫西·雅奈

莫西·雅奈（Moshe Yanai）1949年生于以色列，是名工程师，是以色列军队精英Talpiot技术项目的第14届毕业生，曾在EMC（一家美国信息存储资讯科技公司）任职CTO（首席技术官），负责主持研发Symentrix DMX系统，被称为高端Symentrix之父。

1975年，莫西·雅奈获得以色列理工学院（Technion）电气工程学士学位，之后便开始他的职业生涯，致力于为Elbit系统（与Nixdorf计算机的合作项目）建立基于小型机磁盘的IBM兼容的大型机数据存储，并为美国的Nixdorf开发高端存储系统。

莫西·雅奈于1987年加入EMC公司，从1980年代末开始负责Symentrix开发。他的开发团队从最初几个人，发展到后期有数千人。这个时期，EMC的计算机内存业务从数百万美元增长到数千亿美元。因在专业领域的贡献，莫西·雅奈成为了EMC院士。

2008年，莫西·雅奈创立的以色列存储创业公司XIV获得风投公司的资金资助，并与IBM合作开发IBM XIV存储系统。这时，莫西·雅奈成为了IBM研究员。2011年，莫西·雅奈又创立一家计算机数据存储公司Infinidat。Infinidat的高端存储产品叫Infinibox，一套Infinibox相当于3套VMAX，具有当时业界最快的重构时间（只需要15分钟），但价格却只有VMAX的1/3到1/2。

莫西·雅奈一生致力于数据存储的研究，是电子数据存储领域约40项美国专利的发明人或共同发明人。

2011 年 6 月，母校以色列理工学院授予莫西·雅奈电气工程学院的荣誉杰出研究员称号，并于 2012 年授予他荣誉博士学位。

五 公司的力量

亚马逊——从电商到云端布局

亚马逊图标

亚马逊成立于 1995 年 7 月 16 日，起初只是一家网上书店。十几年后，亚马逊已经成长为世界上最大的在线零售商巨头。2013 年亚马逊销售额达 744.5 亿美元。

亚马逊之所以能发展越来越好，离不开对客户体验的重视。

2001 年开始，亚马逊把"最以客户为中心的公司"（the world's most customer-centric company）确立为努力的目标发展方向，为此，大规模推广第三方开放平台，2002 年尝试推出网络服务（Amazon Web Services，AWS），2005 年推出 Prime 服务，2007 年向第三方卖家提供外包物流服务 Fulfillment by Amazon（FBA），2010 年推出 KDP 的前身自助数字出版平台 Digital Text Platform（DTP）。亚马逊逐步推出的这些服务，使其渐渐成为一家综合服务提供商。

亚马逊始终坚持创新。2006 年亚马逊正式推出的 AWS 业务是一种基于云技术的基础设施平台，为企业客户提供基于网络的计算能力和数据管理。2006 年 3 月，发布 Amazon S3（Simple Storage Service 简易存储服务），2006 年 8 月，发布 Amazon EC2（Elastic Compute Cloud 弹性）。这两项服务的发布后来被视为云计算发展的里程碑事件，标志着云计算时代的来临。经过多年的发展，亚马逊云计算服务（AWS）已经成为知名度最高的云计算服务平台，并且在 Iaas（基础设施即服务）领域占据着第一名的领导地位。

亚马逊云计算服务

与此同时，亚马逊不断在云存储领域加速扩张。继为其 Prime 会员提供无限照片存储后，亚马逊又宣布将为开发者推出 Cloud Drive API，便于第三方开发者将 Cloud Drive 整合到自己开发的应用当中。

 问与答

1. 云存储可以完全替代本地存储吗?

云存储有很多优势，在具有与本地存储一样的基本存储功能基础上还具有一些特殊的优点，比如容量可弹性延展、可自动同步、便于文件共享等。对于云存储是否可以完全取代本地存储的问题，我们不妨对比一下本地存储与云存储的优劣。

将数据存储在本地服务器意味着数据可立即被使用，而将数据存储在云端则需要用户连入互联网，如果用户不在线则无法访问数据。在数据读取速度上，云存储因受到网速、登录云存储系统的影响，不如读取本地存储数据速度快，而对数据的快速访问对很多人来说非常重要，因此在这方面云存储不如本地存储。

一般来说，本地存储只需一次性费用，比如购买存储设备的费用，但是云存储则根据功能可能需要平台费用和网费，而平台费用需要每月或每年支付。

除此之外，数据安全也是云存储的劣势，一旦用户把数据存储在云端服务器中，在上传、下载的过程中可能泄露数据。并且如果云存储平台关闭，用户的数据如何处理也是一个问题。

因此，虽然云存储有很多优势，但是暂时不会完全取代本地存储。它会和本地存储长期共存，相互补充。

2. 计算机中的个人文件如何整理？

总体思路是先按内容再按时间分类。

首先，按内容区分不同的文件：一般情况，每个文件资料可以分为多种类型，通常每个文件往往需要多次修改，有一定的流程。以一学期校园采访的文件记录为例。

（1）在计算机中选择好盘符，一般情况下 C 盘为系统文件，D 盘、E 盘等为放置资料的文件，这里可选取 D 盘为资料放置的盘符。

（2）在选中的盘符，如 D 盘中新建文件夹，由于是一学期的校园采访，因此可以将文件夹命名为"2018 年第一学期校园采访"。

其次，具体文件夹或文件按时间分类整理。

（1）进入新建的"2018 年第一学期 校园采访"文件夹，建立子文件夹。例如对于 2018 年 9 月 1 日采访的材料，可建立一个"2018 年 9 月 1 日"的文件夹来存放。

（2）再将采访的内容按照种类在这个文件夹内建立不同的文件夹，比如文字、图片、视频等。

3. 如何选择合适的文件系统？

文件系统伴随着操作系统。操作系统已经决定了文件系统的类型。

Windows 操作系统的文件系统为 NTFS。在 NTFS 分区中，如果它所在的磁盘扇区恰好出现损坏，NTFS 文件系统会自动将文件保存到未损坏的扇区，这样可避免文件因扇区损坏因而遗失，也保证了 Windows 操作系统的正常运行。如果文件或文件夹小于 1500 字节，那么它们的所有属性，包括内容都会常驻在 MFT 中，而 MFT 在 Windows 启动时便会载入到内存中，内存的读取速度大大高于外存储器的读取进度，这样当用户查看这些文件或文件夹时，其实它们的内容早已在缓存中了，大大提高了文件和文件夹的访问速度。NTFS还有一个"绝技"，即利用一种"自我疗伤"的系统，可以对硬盘上的逻辑错误和物理错误进行自动侦测和修复。每次读写时，它都会检查扇区正确与否。当发现错误，NTFS 会报告这个错误；当向磁盘写文件时发现错误，NTFS 将会十分智能地换一个完好位置存储数据，用户的操作不会受到任何影响。

Mac OS 系统的 APFS 发布时间较晚，因此对于固态硬盘的支持更好。APFS 提升了整个系统在 SSD 上的性能表现，对于更大容量的 SSD 做了优化。借助相关技术，APFS 的延迟得到大幅改善，用户会明显感觉自己的设备变快了。APFS 下，复制文件只会创造一个新的标记，并未占用更多空间，也就是说，将多个同样的文件在 Mac OS 上保存，在硬盘上仅仅保存了一份，而这多个文件显示在不同地方仅仅是有一个逻辑链接，这样就大大节省了文件空间。

因此，如果你想要更快地读取，节省更多的空间，可以选择 APFS；如果你想要大容量的存储数据，可以选择 NTFS。

4. 计算机文件为什么会划分出不同的格式？

计算机中的文件有不同的用途，如文字、图片、音频、视频等。这些文件采用不同的格式可以方便计算机更好地写入、检验和读取。以一个文本文件为例，文本文件遵循国际上统一的标准 ASC Ⅱ 编码。通过这个编码可直接将 A、B、C、D 等字符转换为二进制写入磁盘。但是对于图片或者其他文件而言，计算机则需要其他的编码形式。以图像为例，图像包含了像素的颜色编码等信息，计算机解读图像时需要根据图片格式来选择合适的解码方式进行解码。有了文件格式，计算机才能更好地处理不同类型的文件。计算机从底层来看都是通过"0"和"1"来存储数据，但是在文件系统上，1 在文本中表示的含义和在图像上表示的含义不一样，因此需要计算机制订相应的规则，而这规则就是格式。

第四章

性能体验　永无止境

世界上第一台通用计算机每秒只能进行 5000 次加法或 4000 次乘法运算，这样的计算速度已经是人工计算的 20 万倍，大大提升了当时有关运算的工作效率。随着技术的发展，计算机性能大幅提升，如今计算机运算速度已经可达到每秒数亿次之多。

计算机性能的优劣并不仅靠计算速度的快慢来评价，但是计算速度却影响着人们使用计算机的体验。一台计算机如果能快速开机启动，并快速响应用户的操作，无疑会受到用户的喜爱。因此，在计算机技术飞速发展的这几十年里，计算机领域的很多公司或技术专家都在不断探索如何进一步提升计算机的性能，以期给人们带来更好的用户体验。

要想预见今后 10 年会发生什么，就要回顾过去 10 年中发生的事情。

——安迪·格鲁夫
（英特尔公司前董事长和首席执行官）

领袖和跟风者的区别就在于创新。

——史蒂夫·乔布斯
（苹果公司联合创始人）

第一节　影响计算机处理速度的因素

当人们选购计算机的时候，为了能选择一款性能优异、价格合理，又能够满足生活或工作需求的计算机，往往会关心一些配置参数，比如 CPU 型号、核心数、运行频率、内存大小、硬盘类型、显卡类型等。人们关心的这些计算机配置参数正是影响计算机性能的因素。

 时间线

Intel CPU 发展历程

1993 年　Intel Pentium
采用了 0.60 微米工艺技术制造，核心由 320 万个晶体管组成

2011 年　Intel i3 i5 i7
使用 32nm 工艺，采用了 i3、i5 和 i7 的产品分级架构。i3 主攻低端市场，双核处理器；i5 主攻主流市场，四核处理器；i7 主攻高端市场，四核八线程或六核十二线程

1974 年　Intel 8080
划时代的处理器，8080 的处理能力比前一代大幅提升

1971 年　Intel 4004
世界上第一个商用微处理器

2000 年　Intel Pentium 4
采用了 0.18 微米工艺技术，核心由 4200 万个晶体管组成。Pentium 4 家族有很多产品

1985 年　Intel 80386
第一款 32 位处理器，集成了 27 万 5 千只晶体管，超过了 4004 芯片的一百倍，每秒可以处理 500 万条指令。也是第一款具有"多任务"功能的处理器，对微软的操作系统发展有着重要的影响

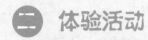 体验活动

测试计算机处理器性能

Super PI 是一款专用于检测 CPU 稳定性的软件。该软件通过计算圆周率让 CPU 高负荷运作，以考验 CPU 计算能力与稳定性。

CPU-Z 是一款家喻户晓的 CPU 检测软件。该软件支持的 CPU 种类相当全面，且软件的启动速度及检测速度很快。另外，CPU-Z 还能检测主板和内存的相关信息。

AIDA64 是一款测试软、硬件系统信息的软件。它可以详细地显示出 PC 各个方面的信息。AIDA64 不仅提供了诸如协助超频、硬件侦错、压力测试和传感器监测等多种功能，而且还可以对 CPU、系统内存和磁盘驱动器的性能进行全面评估。

活动 1 测试计算不同位数圆周率所需的时间

1. 运行 Super PI 软件

单击软件主界面"Calculate（C）"（计算）菜单，软件将弹出圆周率位数选择的对话框。

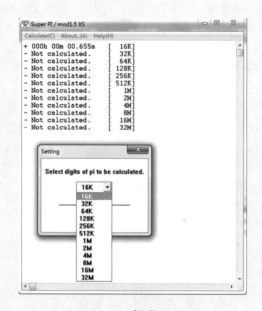

Super PI 操作界面

2. 进行测试

在不同的计算机中，分别选择 16K、32K 和 64K 进行测试，观察结果。

```
SUPER Super PI / mod1.5 XS

Calculate(C)   About...(A)   Help(H)

+ 000h 00m 00.249s   [   16K]
+ 000h 00m 00.412s   [   32K]
+ 000h 00m 00.680s   [   64K]
- Not calculated.    [  128K]
- Not calculated.    [  256K]
- Not calculated.    [  512K]
- Not calculated.    [    1M]
- Not calculated.    [    2M]
- Not calculated.    [    4M]
- Not calculated.    [    8M]
- Not calculated.    [   16M]
- Not calculated.    [   32M]
```

Super PI 显示结果

CPU 的性能会直接影响计算机的处理速度，通过类似的测试，可以直观地比较出不同品牌、不同型号 CPU 的性能差异。两台计算机都计算 512K 的圆周率，计算结果的数值越小则表示 CPU 处理速度越快。

活动 2 查看 CPU 主要性能指标

1. 运行 CPU-Z 软件

（1）下载并运行适合当前计算机的 CPU-Z 软件版本（有 32 位处理器和 64 位处理器的两个版本）。

Z cpuz_x32.exe
Z cpuz_x64.exe

CPU-Z 安装程序

2. 查看 CPU 性能

（1）CPU-Z 运行后会自动对当前计算机进行检测。

（2）观察 CPU 的参数。

CPU-Z 检测结果

缓存是 CPU 的一个重要参数，会影响到计算机的处理速度。当计算机需要读取数据时，会首先从缓存中查找需要的数据，如果找到了则直接执行，否则到内存中找。由于缓存的运行速度比内存快得多，故缓存可帮助硬件更快地运行。CPU 的一级、二级缓存容量越大，处理速度往往会越快。

活动3 查看计算机硬件系统信息

1. 运行 AIDA64 软件

下载后双击运行 AIDA64 软件。

AIDA64 主界面

2. 查看

查看当前计算机硬件系统的各项信息，例如查看 CPU 的温度。

Super PI 传感器界面

CPU

决定一辆 F1 方程式赛车性能的因素有很多，如空气动力学设计、轮胎、变速箱和悬挂系统等，但最主要的还是动力系统的核心部件——发动机。计算机也是如此，内存、硬盘、显卡、操作系统都会影响计算机的性能，但中央处理器（CPU，Central Processing Unit）是影响计算机处理速度的关键。

CPU 的组成

CPU 是一块超大规模的集成电路，是一台计算机的运算核心和控制核心。CPU 主要包括运算器（Arithmetic Logic Unit，算术逻辑运算单元）、高速缓冲存储器（Cache）及实现它们之间联系的数据（Data）、控制及地址的总线（Bus）。CPU 与计算机内部存储器（Memory）和输入/输出（I/O）设备合称为电子计算机三大核心部件。

CPU 的主要功能

（1）处理指令（Processing instructions）。处理指令指控制程序中指令的执行顺序。

（2）执行操作（Perform an action）。CPU 会根据指令的功能，发出相应的操作控制信号，控制部件按指令的要求进行动作。

（3）控制时间（Control time）。在一条指令的执行过程中，在什么时间做什么操作均受到严格的控制。只有这样，计算机才能有条不紊地工作。CPU 可控制指令的执行时间。

（4）处理数据。CPU 可对数据进行算术运算和逻辑运算，或进行其他的信息处理。

CPU 的制造工艺

CPU 的制造极为复杂，因为目前 CPU 制造工艺以纳米为单位。1 纳米（nm）是 0.000001 毫米，一根头发的直径大约 0.05 毫米，可见 1 纳米比一根头发的直径还要小得多。CPU 内电路与电路之间的距离通常只有几十纳米，因此全球目前只有少数几家厂商能制造 CPU。随着计算机设备的微型化及移动终端的普及，CPU 制造工艺一直在向高密集度的方向发展。密度越高的 IC 电路设计，意味着在同样大小面积的 IC 中，可以拥有功能更复杂的电路设计。目前，CPU 制造工艺主要有 180nm、130nm、90nm、65nm、45nm、22nm。

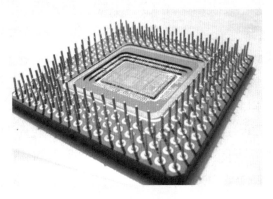

CPU 示意图

CPU 的主要参数

影响 CPU 性能的详细参数有很多，比如主频、倍频、接口、总线类型、缓存、指令集、功耗（TDP）、核心数等。如果选购 CPU，一般只需关注以下几个参数即可。

产品规格			
处理器型号	英特尔®酷睿™i5-7600	核心代号	Kaby Lake
高速缓存	6.0MB	制程工艺	14 nm
基本频率	3.5 GHz	最大睿频率	4.1GHz
接口类型	LGA1151	内核数	4 核心
TDP	65W	线程数	4 线程
内存类型	DDR4-2133/2400, DDR3L	处理器显卡	Intel® HD Graphics 630

CPU 产品规格示意图

（1）主频。CPU 的主频确定了 CPU 的性能。主频，也就是 CPU 的时钟频率，简单地说也就是 CPU 的工作频率，例如 1.8GHz。一般，一个时钟周期完成的指令是固定的，所以主频越高，CPU 的速度就越快。

（2）缓存。又称为高速缓存，对 CPU 的性能影响较大。缓存越大，CPU 性能越好。不过由于工艺受限，一般缓存不会太大。

（3）核心数。核心数表示一个 CPU 上拥有处理器核心的数量。双核 CPU 可理解为将两个处理器核心芯片整合到一个 CPU 中，就好比同一件事有两个人同时在做。一般来说，双核比单核好，但是核心数越多，耗用的计算机资源也越多，因此并不是核心数越多，CPU 性能就越好。

除此之外，还可以根据 CPU 型号来选购。CPU 生产厂商会根据 CPU 产品的市场定位来给属于同一系列的 CPU 产品确定一个系列型号，以便于分类和管理。一般而言，系列型号是区分 CPU 性能的重要标识。同一系列型号中的数字越高越好，比如 E3200、E5700、E6700。有时，数字后面还会跟着英文字母，例如 M 表示是笔记本电脑处理器，UM 表示超低电压版笔记本电脑处理器。

四 走进名人堂

罗伯特·诺伊斯

罗伯特·诺伊斯（Robert Noyce）1927 年 12 月出生于美国爱荷华州柏林顿。他因发明集成电路而被称为集成电路之父。他是英特尔公司的创立者之一，因在美国硅谷这样人才聚集的地方不仅脱颖而出取得商业成功，还同时取得很好的威望和成就，被人们戏称为"硅谷市长"。

罗伯特·诺伊斯一生致力于集成电路研究，荣获 IEEE 荣誉奖章、美国科学奖章、美国技术奖章，荣登美国发明家名人堂。

诺伊斯从小活泼伶俐，喜欢动手动脑。做化学实验和飞机模型是他的两大爱好。中学时，他曾把家里一台旧洗衣机的马达拆下来安在自己的自行车上而将自行车改造成"机动车"，还曾和好朋友一起制作了原始的无线电收发报两用机来互相传递信息。

肖克利半导体实验室的八名年轻科学家

大学毕业以后，诺伊斯到 MIT 深造，并于 1953 年取得物理学博士学位。他的博士论文题为《绝缘体表面状态的光电研究》。IBM、Bell、RCA 等几家大公司竞相争聘诺伊斯，但他却选择去了一家较小的飞歌公司（Philco）。在那里，他受到多方面的锻炼。当时飞歌公司刚设立了半导体部门，这正是他感兴趣的。三年以后，晶体管的发明人之一肖克莱在硅谷创办了半导体实验室，诺伊斯慕名前往加盟。诺伊斯在这个实验室学到了许多东西。后来，诺伊斯带领实验室的几位年轻人创办了仙童半导体公司。1959 年 1 月，担任仙童半导体公司总经理的诺伊斯写出了有关集成电路的方案，经过近半年的试制，集成电路方案终于成功。诺伊斯于 1959 年 7 月 30 日提出"半导体器件——连线结构"的专利申请。该申请于 1961 年 4 月 25 日获

仙童半导体公司

得批准。

同时，TI 公司的基尔比也在开发集成电路并申请了专利。后经法院判决，由于两项专利的技术不同，不存在侵权问题，两个专利都有效。因此，诺伊斯和基尔比成为集成电路的两个独立发明人。

1968 年，诺伊斯怀揣着进一步创业的理想，与莫尔一起依靠风险投资在硅谷创办了如今声名显赫的 Intel 公司。1974 年，诺伊斯不再管理 Intel 公司的日常运作。他开始作为硅谷和整个美国半导体工业的非官方代言人负起了更广泛的责任，从而赢得了"硅谷市长"的美誉。

诺贝尔奖奖牌

诺伊斯于 1990 年去世。2000 年，瑞典皇家科学院决定把当年的诺贝尔物理奖授予集成电路的发明人，遗憾的是当时诺伊斯已经去世，因而没有获此殊荣（诺贝尔奖传统上不授予已亡故的科学家）。

五　公司的力量

英特尔——全球最大的CPU制造商

英特尔（Intel）公司是美国一家主要研制 CPU 的公司，是目前全球最大的个人计算机零件和 CPU 制造商。英特尔公司是全球十大最受推崇的公司之一，为科技界贡献了多项技术和理论，例如摩尔定律、钟摆理论等，其研发的产品提升了计算机的性能，促进了计算机的发展。

英特尔一直坚持创新，不断推出新的产品，提升了 CPU 的性能，进而提升了计算机的性能。

1969 年，英特尔发布世界上第一款金属氧化物半导体（MOS）静态随机存储器（STATIC RAM）1101。

1971 年 11 月 15 日，英特尔在《电子新闻》上刊登广告宣布"一个集成电子新纪元的到来"，推出第一款时钟频率为 108KHz、内含 2300 个晶体管的 4 位微处理器 4004，从此揭开了 CPU 发展

4004 微处理器

的序幕。

1972 年，推出时钟频率为 200KHzd 8 位处理器 8008。

1974 年，发布首款真正的通用微处理器英特尔 8080，时钟频率为 2MHz。

1976 年，发布时钟频率为 5HMz 的微处理器 8085。

8085 微处理器

1978 年，推出著名的 16 位微处理器 8086，时钟频率为 4.77MHz。

1981 年，IBM 为了快速推出 PC，直接选择英特尔 8088 处理器作为 IBM PC 的微处理器，从此英特尔一举成名。

1985 年，英特尔把公司主营业务从最初的 DRAM 转向微处理器，推出内含 27.5 万个晶体管的 32 位 386 处理器。

1993 年，推出 Pentium（奔腾，俗称 586）处理器。该处理器集成了 310 万个晶体管。

386 处理器

Pentium 处理器

1997 年起的几年间，英特尔陆续推出 Pentium 系列的升级版处理器，如 Pentium Ⅱ、Pentium Ⅲ 等，集成的晶体管数量也达到了 4200 万个。这期间，大部分个人计算机都采用英特尔公司的 CPU。

2001 年，英特尔制造出世界上最小的晶体管，宽仅 15 毫微米（1 毫微米为十亿分之一米）。

2002 年，开始采用 0.13 微米技术制造芯片产品。

2008 年，发布四核 Core i7 处理器。

2014 年，推出至强 E7 v2 系列处理器。该系列处理器采用多达 15 个处理器核心，成为英特尔核心数最多的处理器。

……

英特尔公司一直在不断追求技术的突破，无论是集成晶体管的数量、CPU 主频或制造工艺，他们总是试图寻找任何一个能够提升 CPU 性能的可能，并为此不断探索和进行产品技术研发。

正如英特尔人常说的，"我们不仅预见未来，更在创造未来"。在人工智能横空出世的当下，英特尔又将战略眼光放在了算法与芯片的深度整合。英特尔已经开始研究算法 +CPU，或许不久的将来，CPU 的性能又会产生飞跃性的突破。

六 问与答

1. 为什么小小的CPU那么贵？

一般来说，一台中等性能的 PC 机只需几千元，小小的 CPU 就占上千元。可见 CPU 很小，价格却不低，这主要因为 CPU 是一种高精尖技术产品，是人类智慧的结晶。CPU 里几千万，甚至上亿的晶体管，以及复杂的电路图都是纳米级的。在这样的尺寸下进行复杂又精准的操作非常难。

2. 为什么CPU制造工艺向高密集度方向发展？

CPU 制造工艺在 1995 年以后，从 0.5 微米、0.35 微米、0.25 微米、0.18 微米、0.15 微米、0.13 微米、90 纳米、65 纳米、45 纳米、32 纳米、22 纳米、20 纳米、发展到目前 14 纳米，一直在往高密度方向发展。

密度越高，意味着在同样面积的 CPU 中，可以拥有更多、功能更复杂的电路设计，CPU 可实现更多的功能，具有更高的性能。高密度的制造工艺会使 CPU 的核心面积进一步减小，也就是说相同面积的晶圆可以制造出更多的 CPU 产品，直接降低 CPU 的产品成本。

3. 如何根据核心数选择CPU?

如果将 CPU 的核心数比作道路,四核好比四条道路,双核好比两条道路。一般来说,CPU 的核心数越多,CPU 在同一时间处理的任务量更大,运算速度更快。

相同主频条件下,理论性能四核比双核快。但是,并不是所有的程序都能利用四个核心,大部分甚至连两个核心都用不到。并且,由于四核比双核多两个核心,功耗相对高,易费电,并易导致 CPU 温度高,反而降低 CPU 运算速度。因此,应根据需要选择合适核心数的 CPU。

4. CPU使用寿命有多长?

因经层层封装的保护和生产工厂的良品控制,CPU 很难因为外界原因而造成芯片的物理损坏,但是断针、雷击造成电压过高、遇水导致短路等情况时有发生。

一般来说,CPU 正常损坏的最主要原因是电子迁移。在蚀刻 CPU 中的纳米级门电路时,在电子通过门电路时,其动量会冲击电路中的原子,使其中极小的一部分脱离其他原子的制约而开始漂流。虽然这种影响非常细微,但久而久之会导致电路变形,引发断路或者短路,使电路出现漏电和干扰等现象。同时高温会使原子热运动加剧,增加原子被电子打出轨迹的概率。常温下,温度每升高20℃,电子迁移的强度就增大一倍。

一般来说,CPU 正常的使用年限在 8 年以上。但 CPU 更新换代很快,往往一块 CPU 在正常损坏之前就已经被淘汰了。

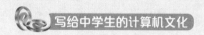

第二节 操作系统

计算机中的程序为了运行流畅会占用计算机的资源，而计算机的资源有限。试想一下，如果很多程序都要运行则很可能出现资源不足而导致所有程序都无法运行。这时，为了提高计算机资源的利用率，计算机需要一个协调者，那就是操作系统。

 时间线

Windows 发展史

2006 年 Windows Vista
引发一场硬件革命，标志PC正式进入双核、大（内存、硬盘）时代。不过因为Vista的使用习惯与XP有一定差异，软硬件的兼容差等问题导致它的普及率差强人意。华丽的界面和炫目的特效是其特点之一

2000 年 Windows 2000
被誉为迄今最稳定的操作系统，正式抛弃了9X的内核

1993 年 Windows NT
第一个支持 Intel 386、486和Pentium CPU的32位保护模式的操作系统。同时，它还可以移植到非Intel平台上

2001 年 Windows XP
"XP"意为"体验"（Experience）。它是基于X86、X64架构的PC和平板电脑使用的操作系统，是最为易用的操作系统之一

 体验活动

体验操作系统

目前，人们一般使用的图形界面操作系统可分为桌面操作系统和移动操作系统。桌面操作系统主要安装在台式计算机、笔记本电脑等计算机上，常见的有 Windows、Linux、Unix、Ubuntu、Mac OS 等。移动操作系统主要安装在智能手机、平板电脑等移动终端上，常见的有 Android、iOS、Symbian、BlackBerry等。此外，还有一些操作系统专用于服务器。

在操作系统领域，有一个名字如雷贯耳，那就是"Windows"。Windows操作系统由早期的 DOS 操作系统发展而来。目前，大部分个人计算机都装载 Windows 操作系统，该操作系统增强了计算机的易用性，提升了计算机的性能，推动了计算机的普及。

2012 年　Windows 8
被应用于个人电脑、平板电脑和智能手机等。它具有良好的续航能力，且启动速度快、占用内存少，并兼容Windows 7所支持的软件和硬件

2009 年　Windows 7
延续了Windows Vista风格，并增添了很多功能。它是除了XP外又一经典的Windows操作系统

2015 年　Windows 10
是当时最新发布的操作系统版本，也是微软发布的最后一个独立操作系统版本。下一代操作系统将以新形式出现，采用扁平化的图标

活动1 体验 MS-DOS 操作系统

1. 打开 DOS

在 Windows 操作系统中打开 DOS，有以下两种常用方法。

第一种，点击桌面"开始"，在输入框中输入"cmd"，点击"回车键"。

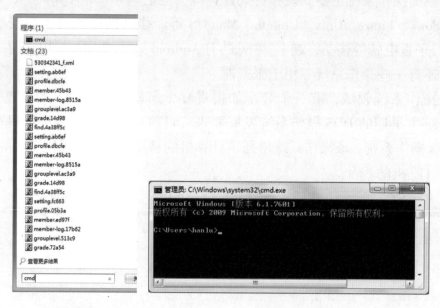

桌面　　　　　　　　　　　　DOS 窗口

第二种，如果键盘上有 Windows 键，可以通过 Windows + R 组合键来打开 DOS。

键盘

2. 通过 DOS 创建文件夹

可在 DOS 中输入以下命令，实现在"C"盘创建一个名为"computer"的文件夹："cd\"—"回车键"—"md computer"。

DOS 中创建"computer"文件夹命令

3. 在 DOS 中查看网络情况

查看计算机的网络设置，如查看 IP 地址、网关、DNS 等一般需要打开"控制面板"，进入"网络和共享中心"，然后单击"本地连接"，查看"详细信息"。

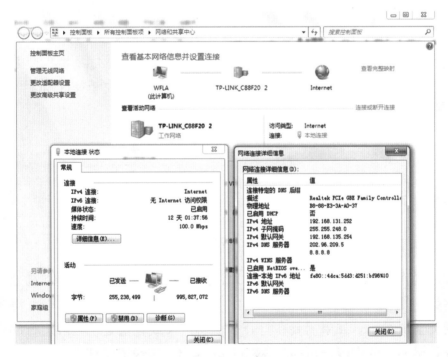

网络和共享中心中显示的信息

而在 DOS 中，只需输入"ipconfig"，并按"回车键"即可。

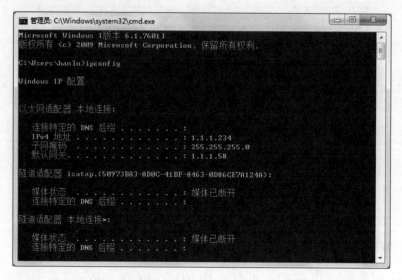

DOS 中查看网络设置

现在人们所用图形界面 Windows 操作系统的前身是 DOS，DOS 以命令行形式进行操作。Windows 操作系统问世之后，DOS 一直以后台程序的形式存在于 Windows 操作系统中。

活动 2 了解 Windows 的快捷方式

1. 上网调查 Windows 操作系统的快捷方式

掌握操作系统的常用快捷方式，用户使用计算机会更加便捷和高效。

比如使用快捷方式 Windows + E 可打开资源管理器。F11 可将当前浏览的网页全屏显示。如果需要在打开多个窗口又或者正处于全屏运行的软件界面中查看桌面上的内容，可通过 Windows + D 来快速实现。

Windows 操作系统有很多快捷方式，常用的如下表所示。使用这些快捷方式可以提高操作计算机的效率。

表 4-1　常用快捷方式

快 捷 方 式	功 能
Ctrl + N	打开新窗口
Ctrl + W	关闭当前窗口
Ctrl + Shift + N	新建文件夹
Win + L	锁定计算机，回到登录窗口
Win + P	设定投影机输出
Ctrl + 句号	顺时针方向旋转图片
Ctrl + 逗号	逆时针方向旋转图片
Alt + Enter	打开选中项目的属性对话框

2. 体验快捷方式

选择几种快捷方式，在计算机上尝试。上网调查 Windows 操作系统还有哪些快捷方式，功能分别是什么，记录在下表中。

表 4-2　补充的快捷方式

快 捷 方 式	功 能

 概述

操 作 系 统

最初的计算机就像大型的机械算盘，每次执行计算任务都要重新编写输入

程序且效率不高。随着计算机硬件性能的提升以及要执行的计算任务越来越复杂，操作系统应运而生。操作系统可提供人机交互功能，既是用户和计算机之间的接口，也是计算机硬件和软件的接口。

操作系统（Operating System，简称 OS）是管理和控制计算机硬件与软件资源的计算机程序，是直接运行在"裸机"上的最基本的系统软件，任何其他软件都必须在操作系统的支持下才能运行。一般个人计算机、笔记本电脑、智能手机等在出厂时都安装了操作系统。

操作系统的作用

操作系统能够帮助用户更方便舒适地操作计算机，主要体现在两方面：

第一，有效管理计算机系统资源，提高资源使用效率。计算机系统的资源可分为设备资源和信息资源两大类。设备资源指组成计算机的硬件设备，如中央处理器、主存储器、磁盘存储器、显示器、键盘和鼠标等。信息资源指存放于计算机内的各种数据，如文件、程序库、系统软件和应用软件等。操作系统可有效、合理地分配计算机系统资源，协调计算机中运行程序的资源占用。

第二，屏蔽硬件物理特性和操作细节，让不具备计算机专业知识的普通用户也能轻松使用计算机。计算机问世初期，计算机工作者是在裸机上通过手工操作方式进行工作。之后，计算机硬件体系结构越来越复杂，如果没有操作系统，操作计算机会变得非常困难，计算机很难像今天这样普及。

程序控制

程序需在操作系统控制下运行。操作系统可根据要求控制程序的执行。操作系统控制程序时，可调入相应的编译程序，将源程序编译成计算机可执行的目标程序，再分配内存等资源将程序调入并启动。

人机交互

人机交互是决定计算机"友善性"的一个重要因素。人机交互功能主要靠可输入/输出的外部设备和相应的软件来实现。人机交互的主要作用是控制有关设备的运行，理解并执行通过人机交互设备传来的各种指令。

图形用户界面

用户界面（User Interface，简称"UI"，亦称"使用者界面"）是系统和用户之间进行交互和信息交换的媒介，它实现信息的内部形式与人类可以接受形式之间的转换。图形用户界面，顾名思义，即指图形化的用户界面。如今的操作系统几乎都是图形用户界面。

手机操作系统 UI 示意图

采用图形用户界面的计算机更利于用户使用，用户只需点击图标即可打开对应的计算机程序。

图形用户界面首次出现在 1973 年施乐公司帕克研究中心研发的个人计算机中。苹果公司创始人乔布斯从中得到启发，研发了更健全的图形用户界面系统，并应用于苹果公司的 Lisa 计算机中。后来，微软公司也推出图形用户界面的 Windows 系统。从此，图形用户界面逐渐成为个人计算机的标配。

四 走进名人堂

比尔·盖茨

比尔·盖茨1955年10月出生于美国华盛顿州西雅图，是美国著名企业家、软件工程师以及慈善家。他13岁开始计算机编程设计，18岁考入哈佛大学，19岁与好友一起创建微软公司。

比尔·盖茨是人们口中津津乐道的传奇人物，令人羡慕的不仅仅是他的财富，更是他天才般的思考力和先知般的卓越眼光。

比尔·盖茨从小酷爱读书。7岁时，他经常连续几个小时阅读《世界百科全书》这本几乎是他体重三分之一的大书。阅读中，他已在思考人类历史将越来越长，以后的百科全书会越来越笨重。有什么好办法造出一个小小的香烟盒那么大的魔盒，能把一大本百科全书都收进去？

比尔·盖茨自小迷上了令他倾注毕生精力的计算机。中学期间，他把才智和精力都用在了喜欢的数学与计算机上。

中学毕业后，比尔·盖茨以1590分（总分1600）的优异成绩考入哈佛大学法律专业，但他并不喜欢学习法律，反而花费很多精力钻研计算机。大学三年级时，为了抓住计算机发展的历史机遇，他选择从哈佛退学，并和自己的好朋友保罗·艾伦（Paul Allen）一起创办微软公司。

没想到比尔·盖茨退学创办的微软公司竟然改变了整个世界，今天大多数计算机用户都使用过微软公司的Windows操作系统软件和Office办公软件。

比尔·盖茨非常重视连接用户和计算机的操作系统，然而微软公司最初的DOS系统无法完成多个任务。在参观苹果公司的图形用户界面操作系统之后，他意识到这是操作系统的发展趋势，于是下定决心开发图形用户界面操作系统。

1985 年，微软公司发布 Windows 1.0，虽然这并非我们今天理解的操作系统，但是通过这个系统，用户已经可以使用鼠标点击来完成大部分的计算机操作并同时运行多个程序。Windows 1.0 的功能不算强大，但是它将枯燥繁琐的计算机命令变成了生动的图形，为计算机的普及奠定了重要基础，也开启了微软公司图形用户界面操作系统的先河。

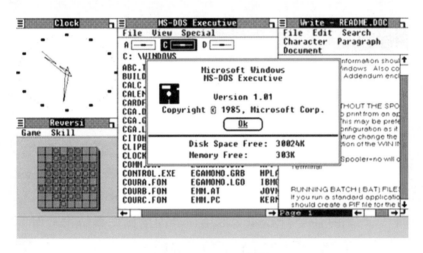

Windows 1.0 界面

此后，比尔·盖茨带领微软公司不断对操作系统进行升级换代，最终形成我们今天所使用的 Windows 操作系统。

微软公司的成功令比尔·盖茨收获了巨额财富，但他深信在巨富中死去是可耻的，于是决定把自己的全部财富捐到比尔及梅林达·盖茨基金会做慈善事业。现在他已成为世界上最大的慈善家，致力于救治全球的小儿麻痹症和疟疾患者，并帮助那些来自贫困家庭、不能受到良好教育的孩子。

五 公司的力量

苹果公司的iOS

如果说微软公司的 Windows 系列操作系统占据着 PC 机的主导地位，那么苹果公司的 iOS 操作系统在移动设备端拥有不可撼动的地位。

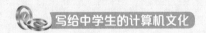

苹果公司

iPhone 和 iPad 等一系列产品因精致的用户界面和流畅的用户体验俘获了千万用户的心。这些产品所属的苹果公司也因此成为了全世界非常有价值的公司之一。

苹果公司由史蒂夫·乔布斯、斯蒂夫·沃兹尼亚克和罗·韦恩等人于 1976 年 4 月 1 日创立。最初苹果公司以开发和销售个人计算机为主,后一直致力于设计、开发和销售消费电子硬件设备、计算机软件及在线服务等。

操作系统的先驱

Macintosh 计算机

苹果公司对操作系统的研发带动了操作系统向图形用户界面的方向发展。1984 年 1 月 24 日,苹果公司发布 Apple Macintosh 计算机,该计算机配有当时具有革命性的操作系统,成为计算机发展史上的一个里程碑。Apple Macintosh 计算机采用的操作系统具有桌面、窗口、图标、光标和菜单等项目,与当时命令行或纯文本用户界面的操作系统形成鲜明的对比。

Apple Macintosh 的出现引发了计算机世界的一场革命,很多公司都开始投入研发图形用户界面操作系统。可以说,苹果公司是将个人计算机操作系统引入图形用户界面发展道路的第一功臣。

2017 年,苹果公司已拥有 4 个系列的操作系统,分别是针对智能手机和平板电脑的 iOS 操作系统、针对个人计算机的 Mac OS 操作系统、针对智能手表的 watch OS 操作系统和针对机顶盒的 tv OS 操作系统。

iOS 的变迁

iPhone 智能手机之所以非常好用,强大的 iOS 操作系统绝对是非常重要的方面。2007 年 1 月,苹果公司发布了首款 iPhone。随后于同年 6 月发布第一版 iOS 操作系统,最初的名称为 "iPhone Runs OS X",直到 2010 年 6 月,苹果公司才将其改名为 "iOS"。10 年多的时间里,伴随 iPhone 系列的不断推出,iOS 操作系统也

乔布斯在苹果发布会

不断升级，功能越来越丰富。

 问与答

1. 图形用户界面操作系统是怎样发展来的？有什么作用？

早期的操作系统就像在体验活动中看到的 DOS 那样，需要在命令框中输入代码来操作计算机，这使得使用计算机的门槛较高，不懂编写代码的人无法操作计算机。为了方便更多人使用计算机，图形用户界面操作系统出现了。试想一下，如果没有推出图形化的操作系统界面，计算机恐怕无法普及到今天的地步。

人们使用计算机会涉及到对计算机输入设备和输出设备的操作，例如用鼠标选中或拖拽一个文件、键盘输入、播放视频文件等。如果没有操作系统，计算机无法识别用户的操作，运行的各种程序无法直接通过指令来操作计算机硬件。因此，操作系统是为了让计算机了解用户想要做什么，让其他程序能够使用硬件资源。除此之外操作系统还能最大程度发挥硬件的功效，如多核处理器、虚拟内存等能提升计算机性能。

2. 常用的操作系统有哪些？我们需要学习哪些？

站在实用性角度，对绝大多数用户而言，操作系统分为运行在台式计算机、笔记本电脑上的桌面操作系统和运行在手机、平板电脑上的移动操作系统两大类。

桌面操作系统根据市场，又可以分为 Windows 操作系统、Mac OS 操作系统、Unix 操作系统和 Linux 操作系统四个家族。目前，大多数笔记本电脑厂商都预安装 Windows 操作系统，Mac Book 系列笔记本电脑自带 Mac OS 操作系统，因此，这两大系列操作系统是使用人数最多的，而 Unix 和 Linux 则更多的是计算机专业人员的选择。鉴于将来的工作需求，青少年朋友们有必要熟练使用 Mac OS 操作系统和 Windows 操作系统。

移动操作系统也有四大家族，分别是 Symbian、BlackBerry、Android 和 iOS。有意思的是，对于手机操作系统，硬件设备质量和销量往往决定了操作系统的存亡。当诺基亚手机逐渐退出历史舞台时，缺少了运行平台的 Symbian 也失去了价值。BlackBerry 比较小众，适合极少数发烧友去研究。目前，应用最多的是 Android 和 iOS，运用和熟练操作这两类操作系统很重要。

Windows, Android, iOS 图标

3. 我们需要对操作系统掌握到何种程度？

信息化时代，在无纸办公甚至移动办公的环境下，计算机用户对操作系统的熟练程度可影响一个人的工作效率。对于频繁而大量的文件操作，如复制、粘贴、移动、命名等，如果能掌握相应的快捷方式，那么工作效率会大大提高。

如果你是一名计算机爱好者或者希望将来能够从事计算机行业，那么必须系统地学习操作系统，了解操作系统如何管理计算机。因为只有真正了解计算机底层如何设计和运行才能更好地进行相关产品研发。你需要了解很多基础概念，如批处理、进程、线程、分时操作、调度算法、死锁和虚拟存储等。

4. 操作系统的发展趋势怎样？

出于应对市场需求和提高用户体验，操作系统研发已经将重心转向了 UI 设计。

纵观 Windows 系列各个版本的操作系统，从 XP 到 Win7，UI 风格变为 Aero Glass 半透明毛玻璃效果，Win8 和 Win10 又采用扁平化 UI 设计风格。对比 iOS 系列操作系统的 UI 设计理念不难发现，苹果和微软对于 UI 的设计正在趋同，都从玻璃效果转到了扁平化效果，这也许就是操作系统 UI 发展的趋势。

Windows7 和 Windows8 图标对比

第五章

程序设计　百花齐放

　　20世纪40年代计算机刚刚问世的时候，程序员必须手动控制计算机。随着技术的发展，计算机语言逐渐取代了手动的方式。世界上已经公布的计算机语言有上千种之多，常见的有 C、VB、C#、Python 等，程序员利用不同的语言编写实现特定功能的程序。无论利用何种计算机语言编写程序，都离不开算法，算法可以说是程序的灵魂，对于特定的程序，实现它的算法可以有很多种，算法的优劣决定着程序的好坏。计算机语言还在不断发展中，未来的计算机语言将不再是一种单纯的语言标准，而会是一种完全面向对象，更易于表达现实世界，更易为人编写的语言。

　　如果想要计算代码行数的话，我们不该将其视为"产生了多少行"，而应看做是"花费了多少行"。

—— 埃德斯加·狄克斯特拉

（结构程序设计之父荷兰计算机科学家）

　　计算机擅长接受指令，不擅了解你的思想。

—— 高德纳

（经典巨著《计算机程序设计的艺术》作者

被誉为"人工智能之父"）

第一节 计算机语言

语言是人与人之间沟通和交流的桥梁。为了和不同国家的人交流，需要学会对方的语言。例如，为了和说英语的人交流，要学习英语。同理，为了和计算机进行交流，就需要学习计算机语言。借助计算机语言，可以让计算机理解告诉它的内容，指挥它完成特定的任务。编程语言就是这样一类计算机语言。图形化的编程语言以其易于理解和学习，在中小学生群体中有着非常广泛的影响。

 时间线

编程语言发展史

1983 年　C++

名称中的"++"意味着比 C 语言更丰富的功能。C++ 不仅擅长面向对象的程序设计，而且还可以与 C 语言一样进行基于过程的程序设计

1970 年　Pascal

为了纪念十七世纪法国数学家和哲学家布莱士·帕斯卡（Blaise Pascal），将这门语言命名为 Pascal。Pascal 是一个重要的里程碑，是第一个系统地体现结构化程序设计概念的语言

1957—1959 年　早期的编程语言

Fortran
公式翻译（Formula Translation）的英文缩写
LISP
列表处理（List Processpr）的英文缩写
Cobol
面向商业的通用语言（Commn Bussness-oriented Language）的英文缩写

1972 年　C

为了配合 Unix 系统，且在 Fortran 不成功的情况下，贝尔实验室开发了 B 语言，随后在 B 语言基础上设计了 New B 语言，也就是现在的 C 语言

用编程语言编写程序

1987 年 Perl

实用报表提取语言（Practical Extraction and Perort Language）的英文缩写，于1987年12月18日发表。现在的版本为 Perl 6，于2015年12月25日更新，运行在超过100种计算机平台上

1991 年 Python

名称缘于作者喜欢一个名为 Monty Python 的英国戏剧剧团。Perl 语言中"总是有多种方法来做同一件事"的理念在 Python 开发者中通常是难以忍受的。Python 开发者的哲学是"用一种方法，最好是只有一种方法来做一件事"

1995 年 Java

名称的灵感源于创始团队中的一员曾在爪哇岛（Java）喝过的一种美味的咖啡

2000 年 C#

"#"看上去像两个"++"的叠加，而且正确的书写是"#"而非井号，C#表示 C 升半音，意喻比 C++ 提升

 体验活动

认识图形化编程语言——Blockly

Blockly 是谷歌公司发布的一种基于 Web 的图形化编程语言，在功能与设计上和 MIT 的儿童编程语言 Scratch 类似。在使用 Blockly 的时候，可以通过拖曳模块来构建代码逻辑，这个过程很像搭积木。

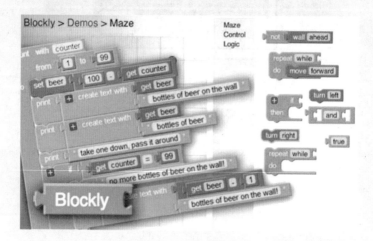

Blockly 示意图

活动1 试玩 Blockly Games 网站上的游戏

1. 打开 Blockly Games 网站

打开 Blockly Games 网站，选择"迷宫"。

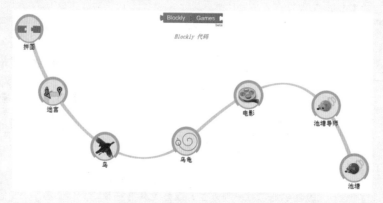

Blockly Games 网站首页

2. 试玩迷宫游戏的第一级

用鼠标将"向前移动"模块向右拖动到代码编辑区（如下图所示），点击"运行程序"按钮，查看程序运行效果。

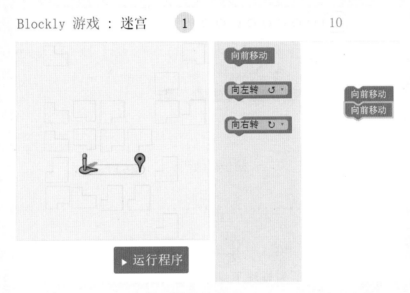

添加代码模块

3. 试玩迷宫游戏的其他等级

点击页面上方的数字，试玩迷宫游戏的其他等级。

4. 试玩 Blockly Games 网站的其他游戏

回到 Blockly Games 的主界面，点击页面上的其他游戏，试玩其他游戏。

在拼接"积木块"时要注意这些"积木块"是否相互咬合住。"积木块"的上下关系就是程序运行时的先后关系，程序是自上而下顺序运行的。

活动 2 制作简易计算器

1. 使用块编写初步模块代码

选择"块",从界面左侧不同的块中拖动模块,编写如下图所示的模块代码。点击右上角的播放按钮运行编写好的简易计算器。

初步模块代码

在"输入数字并显示提示消息"的模块中,选择第二个选项,否则模块不能与其他模块连接。

2. 修改模块代码

运行初步模块代码,发现提示信息是"abc",为了更好地与用户交互,这里将两处的"abc"分别更改为"输入第一个数字""输入第二个数字"。

blockly.tjhxec.cn 显示: ×

!   abc

| |

确定   取消

消息框

修改完成的代码如下图所示。

修改完成的代码

运行程序，试玩简易计算器。

3. 其他语言代码

点击界面上的其他语言选项，可以查看使用模块代码编写的简易计算器在其他语言形式下的代码。

转换为 Python 代码

你可以在试玩的基础上尝试改变部分代码，或者利用 Blockly 制作一个自己的作品。

Blockly 所提供的模块功能有限，仅包括 Python、PHP 这些语言中通用的部分。

三 概述

计 算 机 语 言

语言是用来表达思想、传递信息的工具。人与人交流需要通过语言，这种语言是自然语言，如汉语、英语、法语等。在动物世界里，也有各种形式的"语言"，例如猫可以发出大约一百种声音用于沟通。在人与计算机打交道时，也要使用语言，以便把需要做的事情告诉计算机，计算机也可以通过语言把答案告诉给人们。不过，人的自然语言计算机是不懂的。为了解决这个问题，人们创造出计算机语言。那么，什么是计算机语言呢？

计算机语言是一种人工语言，具有一套明确的语法规则，我们可以从狭义和广义两个方面去理解。狭义的计算机语言（Computer language）是指计算机可以执行的机器语言。广义的计算机语言是指一切用于用户与计算机通信的语言，包括程序设计语言、各种命令语言、查询语言、定义语言等。其中程序设计语言（Programming language）是用于书写计算机可以执行程序的语言，包括机器语言、汇编语言以及高级语言。

机器语言

20 世纪 40 年代计算机刚刚问世的时候，使用的是最原始的穿孔卡片，穿孔卡片上使用的语言只有计算机和专家才能理解，也就是完全用 0、1 写的二进制代码。程序员将用 0、1 数字编写的程序代码打在纸带或卡片上，再将程序通过纸带机或卡片机输入计算机，进行运算。这种二进制代码与人类语言差别极大，被称为机器语言。机器语言本质上是计算机能识别的唯一语言，人类很难理解，后来的计算机语言就是在这个基础上发展而来。虽然后来发展的计算机语言能让人类直接理解，但最终送入计算机的还是机器语言。

打孔纸带

汇编语言

由于机器语言难于理解，莫奇莱等人想到用助记符来代替 0、1，于是汇编语言就出现了。程序员们再也不用记忆那些难懂的 0、1 字串，只需要使用助记符来代替 0、1 字串，如 DD、MOVE 等等。汇编语言是一种符号语言，它和机器语言几乎一一对应，只是在书写时使用由字符串组成的助记符，这样一来，人们很容易读懂并理解程序在干什么，纠错和维护都变得方便了。汇编语言的出现是一个巨大的进步，大大提高了程序员的开发效率。

前面提到，计算机能理解并执行的是机器语言，不能直接识别和处理汇编语言编写的程序，那么汇编语言是如何运行的呢？这和我们人类的交流有相似之处，说两种不同语言的人交流需要翻译，汇编语言也需要翻译成机器语言才能被执行。将汇编语言转换成机器语言的翻译程序，称为编译器。程序员用汇编语言写出源程序，再用编译器将其编译为机器码，由计算机最终执行。

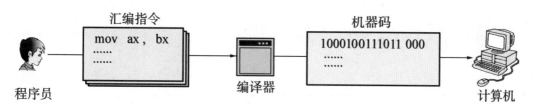

用汇编语言编写程序的工作过程

高级语言

高级语言是以人类的日常语言为基础的一种编程语言。由于早期的计算机发展主要在美国，因此一般的高级语言都是以英语为蓝本，程序中的符号和式子也与日常用的数学式子差不多。高级语言直观好读，用高级语言编程既快又不易错，效率很高。

高级语言并不是特指某一种具体的语言，而是包括多种编程语言，如 Java、C、C++、C#、Python、Lisp、Prolog 等等，这些语言都有各自的语法和命令格式。用高级语言编写的程序，计算机系统不能直接理解和执行，必须通过一个语言处理系统将其转换为计算机系统能够认识、理解的机器语言才能被计算机系统执行。

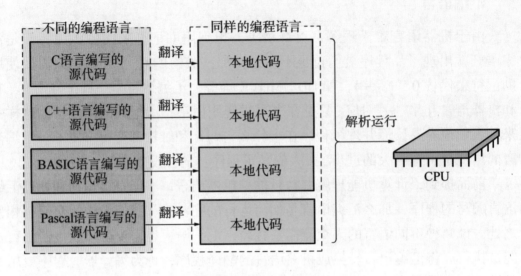

编程语言如何被 CPU 运行

四 走进名人堂

约翰·巴克斯

约翰·巴克斯（John Warner Backus），美国计算机科学家，图灵奖获得者，是全世界第一套高阶语言（High-level Language）发明小组组长。他提出了巴克斯范式和 Function-level programming 概念，并发明了实践该概念的 FP 语言，被誉为"Fortran 语言之父"。

1949 年，25 岁的约翰·巴克斯去参观 IBM 公司设在曼迪逊大街的计算机中心，IBM 公司正在招募人员专事维护 SSEC 计算机工作，当时巴克斯还没有找到工作，他去找主管谈了谈，没想到，一次测试便通过了面试。之后，巴克斯专职负责 SSEC 计算机的操控，这份工作整整持续了 3 年。他曾回忆说："因为这家伙每 3 分钟便会停止运行或出错，你必须设法让它重新运行。"巴克斯在这段时间中开发了"快速编码"（Speedcoding）程序，解决了小机器无法计算大数字的问题，这让他感受到了编程的魅力。

20 世纪 50 年代初，IBM 研发了一种新型豪华计算机——国防计算机（Defense Calculator）。该机研制始于朝鲜战争。当时，美国迫切需要生产新型飞机和新型武器。新型豪华计算机的设计和生产意味着对工程科学的计算需求再度激增。但是，将工程计算问题输入计算机的准备工作既艰难繁琐又枯燥乏味，可能要花好几个星期的时间，而且还需要专门的技能，只有很少一部分人具备这种与机器对话的神奇能力，年轻的程序员约翰·巴克斯就是其中之一。巴克斯曾在"与机器的较量"中受挫，迫切地希望能优化程序并提高执行速度。

1953 年 12 月，巴克斯给 IBM 公司老板斯伯特·赫德写了一封信，建议为 IBM704 机设计一种新的、实用性更强的高级程序语言，这就是后来的公式翻译语言——Fortran。老板很快批准了这个提议，10 人研发团队逐步建立起来，他们中有密码员、象棋高手、晶体学家、麻省理工学院的研究员、从联合飞机公司借来的雇员，还有刚刚从瓦萨学院毕业的女大学生，各具特长。这些人加班加点，经常熬夜进行程序设计和测试。终于，到 1957 年，第一个 Fortran 编译器在 IBM704 计算机上实现，并首次成功运行了 Fortran 程序。

1969 年在贝尔实验室设计了 Unix 操作系统的肯·汤普森指出："如果没有 Fortran，95% 的早期编程人员将一事无成。Fortran 是一个巨大的进步。"或者，正像现在的微软软件研究领军人物吉姆·格雷说的那样"一切都从 Fortran 开始"。

五　公司的力量

微软（Microsoft）公司的C#语言

以下三张图会让你联想到哪家公司？

桌面背景

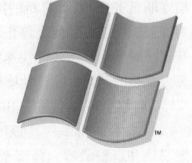

产品图标

软件图标

  上图的"桌面背景"是微软公司 Windows XP 操作系统的默认桌面壁纸，也是一代人的经典记忆。2014 年 4 月 8 日，服役 13 年的微软 Windows XP 系统正式"退休"。上图的"产品图标"是微软公司 Windows 操作系统的图标之一，该四色方块最早出现在 Windows 3.1 中。上图的"软件图标"是微软公司 Office 2010 办公软件的图标，虽然各版本的图标设计有所变化，但用户还是能轻松识别。

  微软为世人所熟知是源于 Windows 系列操作系统在个人计算机中的普及，以及 Office 系列办公软件的应用。

  但是这里要介绍的不是微软公司的金牌产品——操作系统和办公软件，而是微软公司在编程语言方面的造诣。

  在编程语言方面，微软发现了 Java 的某些缺陷，并对它加以改进，于是将改进后的编程语言命名为 J++。SUN 公司认为 J++ 违反了 Java 开发平台的中立性，对微软提出诉讼，于是，2000 年 6 月 26 日微软发布了新的语言 C#。看到这个名称，很多人都会好奇，为什么有一个 "#" 号，这个 "#" 号有什么含义呢？对编程语言略有了解的人又会产生另一个疑问：C# 是不是另外两门编程语言 C 和 C++ 的升级版？

（1）"#" 怎么念？

"#" 正确的写法应该是 "♯"，读作 "sharp"（国际音标：/ʃɑ:p/），在音乐上表示升半音，微软借此表示 C# 在编程语言特性方面比 C++ 有所提升。两者区别在于，"♯" 的笔画是上下偏斜，而 "#" 的笔画是左右偏斜，但大多数情况下用 "#" 表示，看起来也像 C++ 中两个加号的叠加。

（2）有了 C 语言和 C++ 语言，为什么还会出现 C# 语言？

C# 是由 C 和 C++ 衍生出来的面向对象的编程语言，它继承了 C 和 C++ 强大功能。从表 5-1 可知，C 和 C++ 参与的开发领域集中在移动端、PC 端和底层硬件，而 C# 不仅能用于移动端和 PC 端的开发，还适用于 Web 端的开发，但是无法参与底层硬件的开发。

表 5-1　不同语言及其适用场合

语言名称	开发类型
C	📱 🖥 ▯
C++	📱 🖥 ▯
C#	🌐 📱 🖥

（3）.Net 和 C# 有什么关系？

C# 语言好比是一家超市，通过这家超市，人们可以挑选组合自己所需的商品，这一切都很自然和顺理成章。但是，超市本身不生产商品，只是为用户提供各种组合的选择。.Net 框架（全称 . Net Framework）就是强大的后台仓库，既能提供柴米油盐等食物，又能提供锅碗瓢盆等生活用品，这样，超市就能根据用户的需要去调用这些庞大而用种类繁多的商品。因此，C# 与 .Net 是依托关系，C# 程序运行需要 .Net Framework 环境，C# 只是 .Net 所支持的其中一种编程语言。

六　问与答

1. 计算机语言这么多，我应该学习哪种？

随着世界上第一个高级语言 Fortran 出现，新的编程语言不断涌现，各有特色，在不同方面各具优势。从 1951 年至今，人类一共发明了 200 多种编程语言。经过时间的检验，一些流行至今，一些则逐渐消失。现在流行的编程语言有 Java、C、C++、Python、Visual Basic、Scratch 等。

当你选择第一个编程语言时，会有很多选项。为了进一步缩小选择范围，可以参考 TIOBE 编程排行榜。TIOBE 编程排行榜是编程语言流行趋势的一个指标，每月更新，这份排行榜是根据互联网上有经验的程序员、课程和第三方厂商使用的各种语言的数量，并使用搜索引擎（如 Bing）以及 Wikipedia、Amazon 统计出排名数据，该数据能够反映某种语言的热门程度。

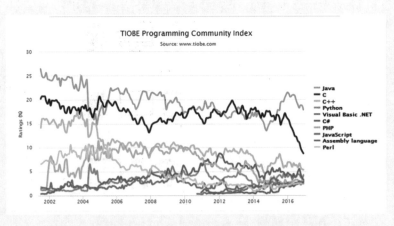

Top 10 编程语言 TIOBE 指数走势（2002~2016）

从上图可以看出，十几年来 Java、C、C++ 始终排在前三。但是，在 2014 年，Python 超过 Java 成为美国顶尖计算机科学课程中最受欢迎的教学语言。

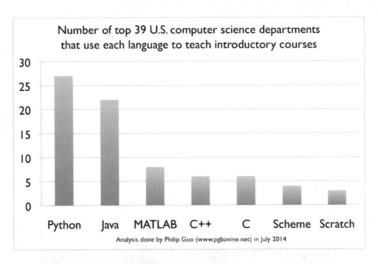

排名前 39 的美国学校编程基础课程使用语言的状况

从上图可以很明显地看出，Python 是最受欢迎的入门语言。紧随其后的 Java 是过去 10 年里的主要编程入门语言。其次受欢迎的教学语言为 MATLAB，再次是 C++。不过 C++ 已经基本被 Java 替代。基于 Scheme 的语言也很受欢迎，但是最近几年，很多学校（比如麻省理工大学、加州大学伯克利分校等）用 Python 替代了 Scheme。Scratch 是唯一上榜的图形化程序设计语言，相较于 App Inventor、Kodu、Make Code 等而言，也是最受欢迎的图形化程序设计语言。图形化程序设计语言主要面向没有接受过大学级别教育的人，帮助他们了解编程和编程思想。

选择你想学习的第一门计算机语言，可以根据自身学习兴趣、语言特性、算法和计算难度、软件的应用领域和未来职业发展等方面进行考虑。

（1）Scratch、App Inventor、Kodu 等图形化程序设计语言是了解编程和编程思想的入门语言。

（2）Python 在科学和统计方面非常有优势。

（3）C 在实现内存管理和高性能计算方面非常有用。

（4）C++ 因为游戏开发而伟大。

（5）如果你想在大的科技公司工作，Java 很重要。

2. 我应该从计算机语言中学习什么?

互联网科技向人类社会的快速渗透,使数字时代原住民们意识到,仅仅使用数字技术已不能满足时代的需求。借用硅谷最流行的一句话:"未来社会只有两种人,一种是知道如何编程的人,另一种是只能遵从机器指令的人。"编程是计算机科学的核心,接触并学习编程,并不单单为了成为专业人才,更重要的是在学习编程的过程中培养计算思维、逻辑思维和创造性思维,以及独立思考与解决问题的能力。

学习编程的青少年

(1)学习计算机语言,可以体会程序之美。

任何一门计算机语言,对于初学者来说都需要跨越心理和思维方式的障碍,逐步理解程序设计思想。在学习编程时,从技能角度,可以学习基本的语法规则和控制结构,利用掌握的知识进行简单程序的设计;从能力角度,可以通过学习如何优化程序结构、评价程序代码,感受程序本身的"美",让程序恰到好处。

(2)学习计算机语言,可以提高问题分析与解决能力。

从本质上来说,计算机语言是一个利用计算机去解决问题的工具,学习计算机语言就像我们学习使用螺丝刀拧螺丝,而不是学习螺丝刀的制作方法。编程是一件很自由的事情,就像写作,每个人都有自己的表达方式和对于问题的理解。每个人解决问题的过程并不相同,基于对问题的不同理解,充分发挥创造力,会得到不同的结果就是编程的魅力。学习编程是带着问题去学习,去寻求解决问题的策略,去享受解决问题的快乐过程。

（3）学习计算机语言，可以体验开放式项目的开发过程。

积累了一些编程技能与经验之后，可以尝试模拟真实环境，解决现实问题，基于对现实问题的数据建模，从工程的角度去不断优化，通过"计划—创作—分享"迭代式循环来体验项目开发的设计与活动流程，不断积累创意编程经验，并在编程中感受创造的乐趣。

"不要只是买一个新的计算机游戏，自己做一个；不要只是下载最新的应用程序，帮助设计它；不要单纯在手机上玩，编写它的代码。无论在城市还是农村，计算机将是你未来的重要组成部分。如果你愿意工作，努力学习，未来将由你们创造。"这是美国总统奥巴马在2013年"编程一小时"活动开幕时发表的讲话。在信息时代发展迅速的今天，人才竞争尤为激烈，技术革新也越来越快，编程作为未来的必备技能，将会在生活和工作中无所不在。

（4）学习计算机语言，可以释放你的创造力。

通过编程可以进行艺术创作，比如一个游戏、一幅画或者一个3D打印的模型等等。我们可以通过编程，创造更多的艺术形式，不再拘泥于传统的方式来表现艺术。

3. 我应该怎样学习计算机语言?

小孩学说话的过程一般是这样的：听别人说—模仿别人说—改错—自己说。计算机语言与自然语言都是一种符号，如果把这些符号进行合理的组合，就可以自由表达。所以，学习计算机语言与学说话有着相似的过程：阅读程序—模仿写程序—纠错—自己独立写程序。

编程带给我们的乐趣

（1）阅读程序。学习是从阅读开始的，不会阅读就不会学习。阅读是最简单、最基础的学习方法。先阅读教材或教程，学完一章后，要认真体会这一章的所有概念，不放过提到的任何例程，仔细阅读程序，直到每一行都理解为止。阅读程序最关键的是理解程序的设计思路，把握程序的关键点，发现程序的亮点和值得借鉴的地方，为日后自己独立写程序积累知识，除此之外就要注意变量的命名规范、代码书写格式等等。

（2）模仿写程序。回想你刚开始学英语的情景，每学一个单词，首先要跟着老师读，这就是模仿，通过模仿学会读单词、读句子。写程序也是一样的，阅读好例程后，试图写出这段程序。不要以为例程你已经读懂了，就一定可以写出和它一样的程序，有时你不一定写得出来。遇到这种情况不要着急，回头再继续研究例程，想想自己为什么写不出来，反复阅读与模仿，你一定会掌握程序的基本结构、组成元素、编码规范和书写规则，养成良好的编码习惯。

（3）纠错。编写程序的过程中，遇到错误是家常便饭，遇到错误时不要急于向同学、教师求教，要静下心来，研究程序。虽然这样会花很多精力和时间，但是发现并改正错误的过程中，不仅会让你掌握正确编写这个程序的方法，更重要的是会提升编写这一类程序的能力。所以不要轻易放弃改错的机会，因为改的错误越多，你知道正确的方法也就越多。久而久之，你就会发现犯的错误越来越少，编程水平得到很大的提升。

（4）自己独立写程序。计算机语言是一门语言，它和我们日常使用的语言非常类似，只是计算机语言是人和计算机交流的工具。要想学好计算机语言，关键是用好，要想用好，关键是实践。只有学以致用，从用中学，才能实现高效的学习，取得理想的学习效果。在学习计算机语言时，不能局限在只是学习基础语法，写一些简单的算法和程序，还要多做项目。在做项目过程中遇到问题、解决问题的过程就是学习新知识的过程，当完成一个项目之后，你的知识和能力都会有大的提升。

4. 学会了一种计算机语言，我能做什么?

随着互联网的高速发展，如同千百年前的纸和笔一样，计算机和互联网成为我们生活的必备品，越来越多的人享受着互联网带来的便利。

各种新兴智能设备的出现拓宽了我们对传统计算机的认知界限。智能手机、无人驾驶汽车、智能手表或玩具等都是计算机应用的延伸，计算机无处不在。这一切都离不开程序，编程已越来越趋于成为一项基本技能。

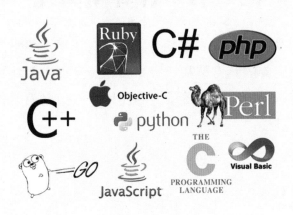

多种计算机语言

特斯拉、SpaceX 火箭公司创始人埃隆·马斯克（Elon Musk）9 岁开始学编程。

人工智能 AlphaGo 的创始人德米什·哈萨比斯（DemisHassabis）8 岁开始学编程。

Epic 游戏公司传奇创始人蒂姆·斯维尼（Tim Sweeney），10 岁开始学编程。

特拉维斯·卡兰尼克（Travis Kalanick），Uber 首席执行官，6 岁开始编程，38 岁登榜福布斯亿万富翁。

数不清的科学界专家都是在小学二三年级就开始学编程。正像学英语是为了交流而不是为了成为英语老师或翻译官，学习编程并不是一定要成为程序员或者开发者。

学会一种计算机语言，就掌握了一种编程技术。

学会一种计算机语言，能了解计算机工作和解决问题的方式。

学会一种计算机语言，能体验完成一项开发工作的完整过程，掌握运用计算机解决问题的方法。

学会一种计算机语言，就掌握一种计算机语言学习方法，当你学习第二种、第三种及至第 n 种计算机语言时，会更快上手。

学会一种计算机语言，你就多了一种表达自己的方式。

学会一种计算机语言，会帮助你更好地理解新技术、新服务和新商业模式。

学会一种计算机语言，或许有一天你会成为一个软件和数字工具的创新者……

第二节　计算机算法

　　首个被记载的数学算法要追溯到公元前 1600 年，那时古巴比伦人开发了已知最早的算法，用作因式分解和计算平方根。当然，算法不仅仅被应用于数学领域，它在计算机领域也发挥着重要的作用，并且随着时代的发展形成了今天意义上的计算机算法。

 时间线

排序算法里程碑

1964 年　堆排序

由罗伯特·弗洛伊德（Robert Fleyd）和威廉姆斯（J. williams）共同发明。采用优先级队列来减少数据中的搜索时间

1959 年　希尔排序

由唐纳德·希尔（Donaid Shell）提出，是直接插入排序算法的一种更高效的改进版本，希尔排序又叫缩小增量排序

1945 年　归并排序

由冯·诺依曼于 1945 年发明。这是一种基于比较的排序算法，采用分而治之的办法解决问题

1962 年　快速排序

由托尼·霍尔（Tony Hoare）提出，是对冒泡排序的一种改进，这不是一种稳定的排序算法，但对于基于 RAM（内存）的数组排序来说非常有效

 体验活动

使用在线动画演示各种排序算法过程

关于各种排序算法，除了枯燥的文字描述外，在各类视频网站输入关键词"排序算法"可以搜索到很多直观生动的视频。这里要推荐两款精美的在线工具，利用它们你可以更加生动形象地认识、比较、体验排序算法的不同。

活动 1 观察各种排序算法运行情况

1. 打开 aTool 在线工具网站

在搜索引擎中输入关键词"在线动画排序"，选择搜索结果，进入排序算法主页面。

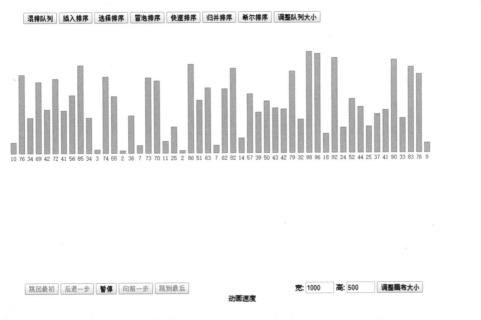

排序算法主页面

2. 观察冒泡排序算法的运行情况

以冒泡排序为例，单击"冒泡排序"按钮，观察橘红色柱状条的变化情况。

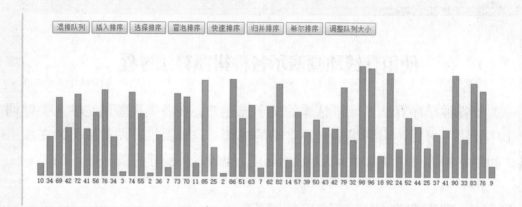

冒泡排序页面

3. 最初和最后状态切换

单击"跳到最后"可以呈现冒泡排序的最终结果，单击"跳回最初"，使排序结果回到最初状态。

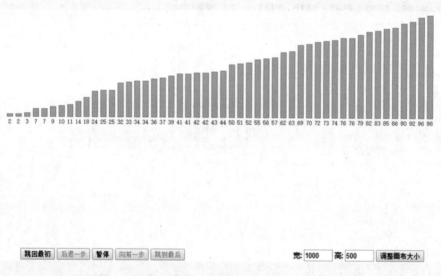

排序后的结果

4. 其他排序算法运行情况

单击其他的排序算法，观察算法的运行情况。

排序（Sorting）是计算机程序设计中的一种重要操作，它的功能是将一个数据元素（或记录）的任意序列，重新排列成一个关键字有序的序列。虽然最终结果是一致的，但是不同算法的执行过程是不同的，因此需要根据实际需要选择合适的算法。

活动 2 使用 Python 体验冒泡排序

1. 打开 Python 在线工具

在菜鸟工具网站中搜索 Python 在线工具，打开并进入 Python 在线工具。

Python 编程界面

2. 输入代码

在 Python 编辑界面左侧的代码编辑区输入如下图所示的代码。

```python
def bubble(l):
    flag = True
    for i in range(len(l)-1,0,-1):
        if flag:
            flag = False
            for j in range(i):
                if l[j] > l[j+1]:
                    l[j], l[j+1] = l[j+1], l[j]
                    flag = True
        else:
            break
    print l

li = [21, 44, 2, 45, 33, 4, 3, 67]
bubble(li)
```

Python 编写的代码

3. 运行代码

点击"点击运行"按钮，观察右侧的运行结果。

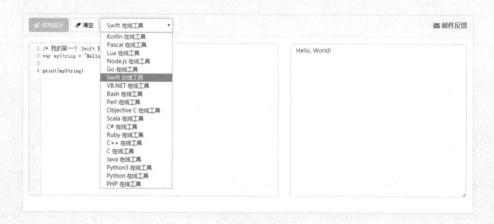

运行结果

4. 尝试其他语言

通过下拉列表框选择其他语言，尝试使用其他语言体验冒泡算法。

其他语言

三 概述

计算机算法

计算机算法是以一步接一步的方式来详细描述计算机如何将输入转化为所

要求的输出的过程，或者说，算法是对计算机执行的计算过程的具体描述。以计算机求解 $1 \times 2 \times 3 \times 4 \times 5$ 为例。

步骤 1：先求 1 乘以 2，得到结果 2；

步骤 2：将步骤 1 得到的乘积 2 再乘以 3，得到结果 6；

步骤 3：将步骤 2 得到的乘积 6 再乘以 4，得到结果 24；

步骤 4：将步骤 3 得到的乘积 24 再乘以 5，得到最后结果 120。

算法的特性

无论是教材还是各类关于算法的书，都会描述算法的以下特性。

（1）有穷性。

在有限的操作步骤内完成。有穷性是算法的重要特性，任何一个问题的解决不论其采取什么样的算法，终归是要解决问题。如果一种算法的执行时间是无限的，或在期望的时间内没有完成，那么这种算法就是无用和徒劳的，我们不能称其为算法。

以 C 语言语法为例，第一个循环体语句会被有限次执行。

```
for（int m=1；m<=3987；m++）
{
// 循环体语句
}
```

而第二个循环体语句会无限执行下去。

```
for（int m=4；m>3；m++）
{
// 循环体语句
}
```

（2）确定性。

每个步骤确定，步骤的结果确定。算法中的每一个步骤其目的应该是明确的，对问题的解决是有贡献的。如果采取了一系列步骤而问题没有得到彻底的解决，也就达不到目的，则该步骤是无意义的。假设有一个变量 a，那么输出"a+正整数"就是不确定的，"正整数"究竟是哪个数呢？

（3）可行性。

每个步骤有效执行，得到确定的结果。每一个具体步骤应能够使计算机完成，如果这一步骤在计算机上无法实现，也就达不到预期的目的，那么这一步骤是不完善和不正确的，不具备可行性。例如计算"3/0"就是不可行的，程序执行时会报错。

（4）零个或多个输入。

所谓输入是从外界获得必要信息。算法执行的过程可以无数据输入，也可以有多种类型的多个数据输入，需根据具体的问题加以分析。

（5）一个或多个输出。

算法的结果就是算法的输出（不一定是打印输出）。算法的目的是为解决一个具体问题，没有输出的算法是没有意义的。

算法的描述方式

以求解从 1 开始的连续 n 个自然数和的算法为例，来说说不同的算法描述方式。

（1）用自然语言描述算法。

自然语言是人们日常所用的语言，如汉语、英语、德语等。使用这些语言不用专门训练，所描述的算法也通俗易懂。求解从 1 开始的连续 n 个自然数和的算法可以描述为：

① 确定一个 n 值；

② 确定 i 的初始值为 1；

③ 确定 sum 的初始值为 0，用于存储 n 个自然数的和；

④ 如果 i ≤ n，执行⑤，否则执行⑧；

⑤ 将 sum 加上 i 的值重新赋值给 sum；

⑥ 将 i 加 1 的值重新赋值给 i；

⑦ 转去执行④；

⑧ 输出 sum 的值，结束算法。

（2）用流程图描述算法。

使用自然语言描述算法的方法虽然比较容易掌握，但是存在着一定的缺陷，例如容易造成歧义。流程图利用一些约定的符号描述算法，很好地避免了自然语言描述算法中的歧义问题。求解从 1 开始的连续 n 个自然数和的算法用流程图可以描述为左图。

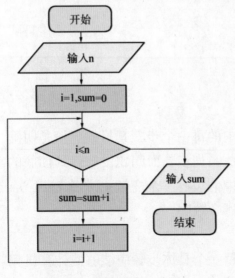

流程图

（3）用伪代码描述算法。

伪代码是用介于自然语言和计算机语言之间的文字和符号来描述算法的工具。它不用图形符号，因此，书写方便、格式紧凑、易于理解，便于向计算机程序设计语言过渡。求解从 1 开始的连续 n 个自然数和的伪代码如下。

① input n

② i=1，sum=0

③ if i ≤ n，do ④，else do ⑥

④ sum=sum+i，i=i+1

⑤ do ③

⑥ output sum

算法复杂度

算法复杂度是指算法在编写成可执行程序后，运行时所需要的资源，包括时间资源和内存资源，因此算法的复杂度包含时间复杂度和空间复杂度。

（1）时间复杂度。

时间复杂度是一个函数，它定性描述了该算法的运行时间。按数量级递增排列，常见的时间复杂度有常数阶 $O(1)$、对数阶 $O(\log_2 n)$、线性阶 $O(n)$、线性对数阶 $O(n\log_2 n)$、平方阶 $O(n^2)$、立方阶 $O(n^3)$、k 次方阶 $O(n^k)$、指数阶 $O(2^n)$。随着问题规模 n 的不断增大，时间复杂度不断增大，算法的执行效率将会降低。

（2）空间复杂度。

空间复杂度是指运行一个程序所需要消耗的内存空间。有的算法需要消耗的内存空间与问题规模 n 有关，并且空间复杂度随着 n 的增大而增大，当 n 较大时，消耗的内存空间也会较多。下图是各种常用排序算法时间复杂度和空间复杂度的对应表格。

表 5-2　排序算法时间空间复杂度汇总

类别	排序方法	时间复杂度			空间复杂度	稳定性
		平均情况	最好情况	最坏情况	辅助存储	
插入排序	直接插入	$O(n^2)$	$O(n)$	$O(n^2)$	$O(1)$	稳定
	Shell 排序	$O(n^{1.3})$	$O(n)$	$O(n^2)$	$O(1)$	不稳定
选择排序	直接选择	$O(n^2)$	$O(n^2)$	$O(n^2)$	$O(1)$	不稳定
	堆排序	$O(n\log_2 n)$	$O(n\log_2 n)$	$O(n\log_2 n)$	$O(1)$	不稳定

（续表）

类别	排序方法	时间复杂度			空间复杂度	稳定性
		平均情况	最好情况	最坏情况	辅助存储	
交换排序	冒泡排序	$O(n^2)$	$O(n)$	$O(n^2)$	$O(1)$	稳定
	快速排序	$O(n\log_2 n)$	$O(n\log_2 n)$	$O(n^2)$	$O(n\log_2 n)$	不稳定
归并排序		$O(n\log_2 n)$	$O(n\log_2 n)$	$O(n\log_2 n)$	$O(n)$	稳定
基数排序		$O(d(r+n))$	$O(d(n+rd))$	$O(d(r+n))$	$O(rd+n)$	稳定

注：基数排序的复杂度中，r代表关键字的基数，d代表长度，n代表关键字的个数。

算法与程序的关系

算法是解决问题的一种方法或一个过程。它满足有穷性、确定性、可行性、有零个或一个输入、有一个或多个输出五个特性。而程序是算法用某种程序设计语言的具体实现。

简单说，程序包含算法，算法是程序的灵魂。一个需要实现特定功能的程序，实现它的算法可以有很多种，算法的优劣决定着程序的好坏。

四 走进名人堂

艾兹格·W.迪科斯彻

艾兹格·W.迪科斯彻（Edsger Wybe Dijkstra），荷兰人，计算机科学家，毕业并就职于荷兰莱顿大学，早年钻研物理及数学，而后转为计算学。曾在1972年获得过素有计算机科学界的诺贝尔奖之称的图灵奖，之后，他还获得过1974年AFIPS Harry Goode Memorial Award、1989年ACM SIGCSE计算机科学教育教学杰出贡献奖，以及2002年ACM PODC最具影响力论文奖。

迪科斯彻在荷兰第二大城市鹿特丹长大，
大学期间，他参加了剑桥大学开设的一个程序
设计的课程，从此开始了他的程序设计生涯。
随后，他在阿姆斯特丹的数学中心成为一个兼
职程序员。为一些正在被设计制造的计算机编
写程序，也就是说他要用纸和笔把程序写出来，
验证它们的正确性，然后和负责硬件的同事确
认指令是可以被实现的，并写出计算机的规范
说明。他为并不存在的机器写了五年程序，很
习惯于不测试自己写的程序。因为无法测试，
所以他必须通过推理说服自己程序是正确的。

至理名言

这种习惯可能是他后来经常强调通过程序结构保证程序正确性和易于推理的
原因。

　　在一台新的名为 ARMAC 的计算机发布之前，迪科斯彻需要想出一个可
以让不懂数学的媒体和公众理解的问题，以便向他们展示 ARMAC。有一天他
和未婚妻在阿姆斯特丹购物，他在一家咖啡店阳台上喝咖啡休息时思考这个
问题，觉得可以让计算机演示如何计算荷兰两个城市间的最短路径，这样问
题和答案都容易被人理解。他在 20 分钟内想出了高效计算最短路径的方法。
迪科斯彻自己也没有想到这个 20 分钟的发明会成为他最著名的成就之一，并
且会以他的名字命名为迪科斯彻算法。三年以后这个算法首次发布，之后几
十年直到今天，这个算法被广泛应用在各个行业。此外，他的根本性贡献覆
盖了很多领域，包括编译器、操作系统、分布式系统、程序设计、编程语言、
程序验证、软件工程、图论等。他的很多论文为后人开拓了整个新的研究领域。
我们现在熟悉的一些标准概念，例如互斥、死锁、信号量等，都是迪科斯彻
发明和定义的。

　　20 世纪 60 年代后期，由于计算机变得越来越强大，程序设计和维护的方
式跟不上快速上升的软件复杂度，世界进入软件危机。迪科斯彻在 ACM 的月
刊上发表了一篇名为 "GOTO Statement Considered Harmful" 的文章，为全世
界的程序员们指明了方向，这就是结构化程序设计运动的开始。他和 Hoare、
Dahl 合著的《结构化程序设计》成为软件史上第一次变革的纲领，影响了此
后大部分程序设计语言，包括 70 后、80 后的程序员熟悉的 C 和 Pascal。很多
大学的第一门程序设计课就是以这本书的名字作为课程名。1994 年有人对约

1000 名计算机科学家进行问卷调查，请他们选出 38 篇计算机领域最有影响力的论文，结果其中有 5 篇是迪科斯彻写的。

2002 年迪科斯彻去世，这一年的 PODC 奖颁给了他，获奖的是他的一篇关于自稳定系统的论文。为了纪念他，PODC 决定从 2003 年起把这个奖项改名为迪科斯彻奖，因此迪科斯彻是少数获得过以自己名字命名的奖项的人之一。

五 公司的力量

谷歌公司的PageRank算法

提到搜索引擎，那不得不说谷歌，它的知名度可谓享誉全球，而谷歌搜索引擎的背后离不开 PageRank 算法。PageRank，又称佩奇排名，是一种根据网页之间相互的超链接计算的技术。谷歌的创始人拉里·佩奇（Larry Page）和谢尔盖·布林（Sergey Brin）于 1998 年在斯坦福大学（Stanford University）发明了这项技术，并以谷歌公司创办人拉里·佩奇之姓来命名。谷歌用它来体现网页的相关性和重要性，在搜索引擎优化操作中它是经常被用来评估网页优化的成效因素之一。

最早的搜索引擎采用分类目录方法，即通过人工进行网页分类并整理出高质量的网站。那时雅虎（Yahoo）和国内的 hao123 都使用这种方法。后来网页越来越多，人工分类已经不现实了。搜索引擎进入文本检索的时代，即根据计算用户查询关键词与网页内容的相关程度来返回搜索结果。这种方法突破了数量的限制，但是搜索结果不是很好，因为总有一些网页来回倒腾关键词使自己的搜索排名靠前。

当时还是美国斯坦福大学研究生的佩奇和布林开始对网页排序问题进行研究。他们借鉴了学术界评判学术论文重要性的通用方法，就是看论文的引用次数，由此想到网页的重要性也可以根据这种方法来评价，于是 PageRank 的核心思想就诞生了。发展至今，谷歌能让你轻松地从 250 亿份网页中捞到与搜索条件匹配的结果。

PageRank

PageRank 是谷歌排名运算法则的一部分，是用来标识网页等级、重要性的一种方法，也是用来衡量一个网站好坏的重要标准之一。在加入了诸如 Title 标识和 Keywords 标识等所有其他因素之后，谷歌通过 PageRank 来调整结果，使那些更具"等级/重要性"的网页出现在搜索结果中，令网站排名获得提升，从而提高搜索结果的相关性和质量。

PageRank 的指标称为 PR 值，它的范围是 0 到 10，PR 值越高说明该网站越受欢迎。例如，PR 值为 7 到 10 表明这个网站非常受欢迎。一般来说，PR 值达到 4 就算是一个不错的网站了，PR 值为 1 表明这个网站不太受欢迎。谷歌把自己的网站的 PR 值定到 9，这说明谷歌网站非常受欢迎，也可以说它非常重要。

2011 年 10 月 6 日，谷歌事先并未作出任何公告，突然更改 PR 值查询接口，致使众多网站的 PR 查询值为 0 或空，但用 IE 系列浏览器安装谷歌官方的工具条后，能查到真实的 PR 值。PR 值没有凭空消失，只是一些非官方的查询 PR 值的工具无法使用。互联网疯传谷歌取消 PR 值的消息实属误传。

打开站长工具网站，找到"PR 查询"，输入想要查询的网址，就可以得到这个网站的 PR 值。长期以来，PR 值反映一个网页在互联网中的重要程度，同时也成为评价网站价值的最重要指标。而基于 PR 值的链接交换，出售高 PR 值链接成为不少中小站长重要的收入来源。

 问与答

1. 学习编程一定要学习算法吗？

这取决于你是否要参加学科竞赛以及是否要成为程序员。

如果出于兴趣要参加全国青少年信息学奥林匹克联赛（简称 NOIP）或全国青少年信息学奥林匹克竞赛（简称 NOI），那么你一定要学习甚至钻研一些算法。除了常用的算法，还需要研究一些高深的算法，这样才能在比赛中取得满意的成绩。

出于职业规划，如果你想成为程序员，那么必须掌握算法。掌握的程度，取决于具体岗位。如果是开发底层硬件或者操作系统，对于执行效率要求较高的岗位，那么你必须精通算法，甚至灵活运用一些高深算法，如果是开发上层偏应用的岗位，得益于强大的高级语言以及库的支持，可以直接调用庞大的函数库，掌握常见算法就可以了。

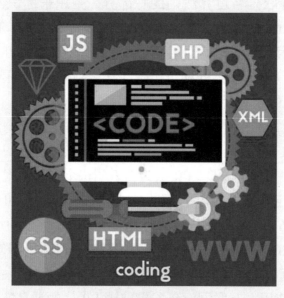

丰富的编程语言

对于计算机专业大学毕业生而言，想要进入比较大的软件公司，必须要学好算法。学好算法，不论对思考问题的方式还是对编程思维都会有很大的帮助。诗人作诗，功夫在诗外。程序员编程，功夫在算法。程序员只研究具体的语句和函数，相当于诗人只研究诗的格律和文字。诗人写诗要有好的意境，程序员写程序要有好的算法。

2. 有哪些算法值得学习?

要根据角色和定位来看待算法学习。对初学者和想未来以此谋生的程序员而言，学习算法的内容是不一样的。

对于初学者而言，最基础也是最基本的是排序算法，而排序算法中就有插入排序、希尔排序、选择排序、堆排序、基数排序等10种排序算法。

倘若你希望将来从事编程工作，并且希望能够进入知名大型开发公司的话，就需要学习更多更高深的算法。奥地利符号计算研究所（Research Institute for Symbolic Computation，简称RISC）的Christoph Koutschan博士对诸多计算机科学家进行过一个调查，推选出计算机科学中32个常用的基础算法，如图形搜索算法、数据压缩算法、动态规划算法、快速傅里叶变换、哈希算法、RSA公钥加密算法、迪科斯彻算法、离散微分算法等。

对职业发展定位越清晰，越能清楚知道需要学习哪些算法，这样可以将有限的时间和精力投入其中，例如从事电子商务，可以侧重学习各类加密算法；从事门户网站，可以侧重学习链式分析和排序算法；从事流媒体，可以侧重学习压缩算法。

3. 学习算法的途径有哪些？

知行合一。"知"，可以通过阅读各类算法书籍，甚至借助网络的力量获取信息，了解各类不同的算法。在网络时代，知道某种算法的思路并不困难，最重要的是"行"。纸上得来终觉浅，绝知此事要躬行。编程尤其讲求实战操作，对于一名刚入门的计算机爱好者，需要多实践、多理解。

编程的场景

算法是处理解决问题的思路及办法，程序语言是按照一定语法把算法表达出来。因此，对于某一种特定的算法，完全可以用你所学或熟悉的计算机语言，例如 Pascal、C、C++、Java、Python，将其编写出来并进行运行和调试。

4. 为什么排序算法会有那么多种?

人类在寻求高效解决问题的过程中，不断有一些天才迸发出智慧的火花。鉴于现实问题的高度复杂性，很难有一种排序算法能够在时间复杂度和空间复杂度上达到最优效果，因此才会出现多种排序算法。

举例来说，若 n 较小（数据规模较小），插入排序或选择排序较好；若数据初始状态基本有序（正序），插入、冒泡、快速排序为宜；若 n 较大，则采用时间复杂度为 O（$n\log_2 n$）的排序方法，例如快速排序或堆排序。快速排序是目前基于比较的排序中被认为是最好的方法。当待排序的关键字是随机分布时，快速排序的平均时间最短。因此，在选择排序算法时，需要针对具体问题来选择一种最合适的排序算法。

第六章

网络互联　改变世界

　　20世纪中期以来，计算机技术、网络通讯技术的高速发展使得人类社会进入一个历史飞跃时期，由高度的工业化时代迈向全新的计算机网络时代。计算机互联网作为20世纪最伟大的发明，已经深刻改变了人类发展进程，创造了一个全新的时代。可以说互联网是与蒸汽机相提并论的伟大发明。

　　互联网以惊人的发展速度，颠覆人们的生活方式。因为网络，信息的查找与发布、沟通交流、办公、游戏等都发生了翻天覆地的变化。我们身边出现越来越多的互联网公司，"互联网+"成为耳熟能详的词，互联网已经是日常生活必不可少的一部分。

互联网是人类在过去四五十年最大的成就。

——罗伯特·梅特卡夫

（以太网发明人美国德克萨斯大学奥斯汀分校教授）

我们将进入从未见过的未来，而我们也才开始应对这样的转型。身处一个时代开启的黎明时刻，人类未知的远远大于已知，无论如何新的时代已经来临。

——卢恰诺·弗洛里迪

（英国牛津大学互联网研究所教授）

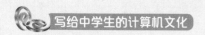

第一节　计算机网络

随着计算机技术的迅速发展，计算机的应用渗透到各个技术领域和社会生活的方方面面。信息社会的需求推动计算机技术向群体化方向发展，促使计算机技术与通信技术紧密结合起来，计算机网络由此而生。计算机网络代表了高新技术发展的一个重要方向，尤其是 20 世纪 90 年代以来，世界的信息化和网络化使得"计算机就是网络"的概念日益深入人心。

 时间线

计算机网络的发展史

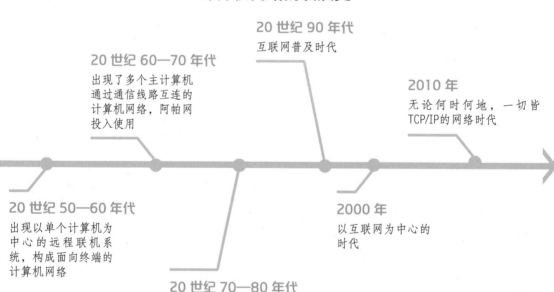

20 世纪 90 年代
互联网普及时代

20 世纪 60—70 年代
出现了多个主计算机通过通信线路互连的计算机网络，阿帕网投入使用

2010 年
无论何时何地，一切皆 TCP/IP 的网络时代

20 世纪 50—60 年代
出现以单个计算机为中心的远程联机系统，构成面向终端的计算机网络

2000 年
以互联网为中心的时代

20 世纪 70—80 年代
出现具有统一的网络体系结构、遵循国际标准化协议的计算机网络

走进学校网络中心

如今无论身处学校还是公司，家庭还是商场，总是处在网络环境中。建立和维护网络虽然由专业人员负责，但作为新一代信息公民，不应该对此一无所知。下面让我们走进学校网络中心，了解常见的网络设备，并尝试输入网络指令，判断网络连通性。

活动1 了解学校里的网络

你了解自己学校的网络吗？请采访你所在学校的网络管理员，在网络管理员的指导下参观学校网络中心，并试着回答以下问题。

（1）校园网络中有哪些服务器？他们的功能分别是什么？

服 务 器	功 能

（2）校园网络中采用了哪些网络传输介质？
（3）将多台计算机相互连接起来的网络连接设备是什么？
（4）校园网络通过什么设备与因特网相连？

活动2 用ping命令测试网络连通性

测试网络连通性常常会用到 ping 命令，它可以很好地帮助网络管理员分析和判定网络故障，是网络管理员必须掌握的 DOS 命令之一。它的原理是利用网络上机器 IP 地址的唯一性，给目标 IP 地址发送一个数据包，再要求对方返回一个同样大小的数据包，来确定两台网络机器是否连接相通、数据包往返行程时间是多少。下面就来看看 ping 的一些常用操作。

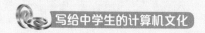

1. 打开命令提示符窗口

用 $\boxed{\text{Windows}}$ + $\boxed{\text{R}}$ 组合键打开"运行"窗口,输入命令,并回车进入 DOS 窗口,如下图。

打开"运行"窗口,输入"cmd"命令

2. 测试本机与内网服务器是否连通

在 DOS 窗口下,输入 ping 空格要 ping 的服务器的 IP 地址,回车。例如 ping 192.168.10.1。结果如下图所示,得到了回复,表明本机与内网服务器连接通畅。

在"cmd"窗口 ping IP 地址与内网服务器连通性测试结果

3. 测试本机与外网是否连通

在 DOS 窗口下输入 ping 空格要 ping 的网址,结果如下图所示,表明本机与外网连接通畅。

与外网连通性测试结果

用 ping 命令测试网络连通性的原理是对网络上的机器发送测试数据包，看对方是否有响应并统计响应时间，以此测试网络。测试结果中的 time=XXms 是响应时间，时间越短，说明连接速度越快。如果显示请求超时，说明网络连接不通。

如果直接在 DOS 窗口输入 ping 并回车，可以得到 ping 的用法帮助。

在默认情况下，Windows 系统中 ping 发送的数据包大小为 32byte，但也可以自己定义大小，黑客会利用这点恶意 ping 目标主机，使目标主机宕机。为了避免主机被恶意 ping，可以通过设置 IP 安全策略或用网络防火墙等，禁止别人 ping 自己的主机。

三　概述

计 算 机 网 络

计算机网络的演变

当今人们生活在网络环境中，通过网络与世界各地的人通信，了解各地发生的有趣的事情，通过网络辅助学习。计算机网络在人类社会发展中具有重要作用。那么，计算机网络的演变过程是怎么样的呢？

在计算机时代早期，也就是巨型机时代，计算机网络世界被称为分时系统的大系统所统治。分时系统允许用户通过含显示器和键盘的哑终端使用主机。

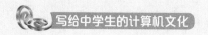

哑终端很像计算机，但没有自己的 CPU、内存和硬盘。依靠哑终端成百上千的用户可以同时访问主机。由于分时系统将主机时间切分成片，用户通过时间片使用主机，片很短，会使用户产生错觉，以为主机完全为一个人所用。

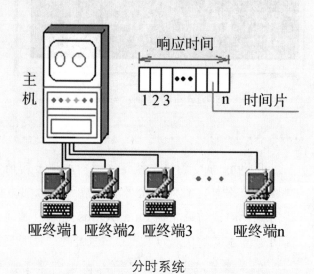

分时系统

在分时计算机系统基础上，通过 Modem（调制解调器）和公用电话网向地理分布的许多远程终端用户提供共享资源服务，这种系统称为远程终端计算机系统。它虽然还不能算是真正的计算机网络系统，但却是计算机与通信系统结合的最初尝试。

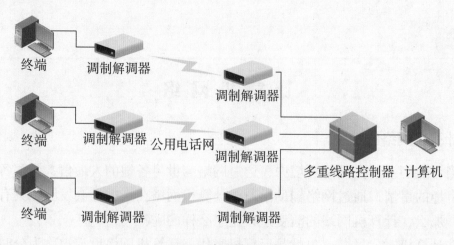

远程终端计算机系统

在远程终端计算机系统基础上，人们把计算机与已有的通信系统互联起来，诞生了以资源共享为主要目的的计算机网络。由于网络中计算机之间具有数据交换的能力，因此，计算机可以在更大范围内协同工作、实现分布处理甚至并行处理，联网用户之间直接通过计算机网络进行信息交换的通信能力大大增强。

1969 年 12 月，因特网的前身——美国的 ARPA 网投入运行，它标志着计算机网络的兴起。

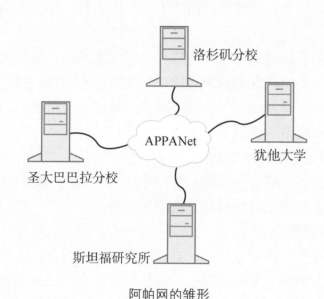

阿帕网的雏形

随着个人计算机应用的推广，计算机联网的需求随之增大，各种基于互联的计算机局域网纷纷出台。这个时期计算机局域网系统的典型结构是在共享介质通信网平台上的共享文件服务器结构，即为所有联网计算机设置一台专用的可共享的网络文件服务器。用户的主要任务仍然在自己的计算机上运行，仅在需要访问共享磁盘文件时才通过网络访问文件服务器，这体现了计算机网络中各计算机之间的协同工作。

计算机网络系统非常复杂，计算机之间相互通信涉及许多复杂的技术问题。为实现计算机网络通信，计算机网络采用的是分层解决网络技术问题的方法。但是，由于存在不同的分层网络系统体系结构，它们的产品之间很难实现互联。为此，国际标准化组织 ISO 在 1984 年正式颁布了"开放系统互连基本参考模型"的国际标准，简称 OSI 国际标准，使计算机网络体系结构实现了标准化。

进入 20 世纪 90 年代，计算机技术、通信技术以及建立在计算机和网络技术基础上的计算机网络技术得到迅猛的发展。全世界许多国家纷纷建立信息基础设施，从而极大地推动了计算机网络技术的发展，使计算机网络进入一个崭新的阶段。网络互联和高速计算机网络成为新一代计算机网络的发展方向。目前，全球高速计算机互联网络即因特网，已经成为人类最重要、最大的知识宝库。

计算机网络的三要素

在不少人的印象中，计算机网络看不到、摸不着，却在人们的生活中发挥着重要的作用。

计算机网络是利用通信设备和线路将地理位置不同、功能独立的多个计算机系统连接起来，以功能完善的网络软件实现网络的硬件、软件及资源共享和信息传递的系统。简单地说即连接两台或多台计算机进行通信的系统。

一般的计算机网络包含以下三个要素。

（1）一定数量的能独立工作的计算机。

一台计算机是不能成为网络的，成为网络必须有相当数量的计算机。所以，网络的第一个要素是独立自主的计算机系统的集合。

（2）通信线路及连接设备。

将这些地理位置分散的计算机，通过有线或无线的方式连接起来，所以，网络的第二个要素是通信介质及其将计算机连接起来的连接设备。

常见的通信介质有双绞线、光纤、同轴电缆、无线电波、红外线、微波等。常见的网络连接设备有路由器、交换机等。

（3）网络软件。

将一群计算机使用传输介质连接在一起，它们还不能共同工作，就像说不同语言的人聚在一起没有办法交流一样。这就需要利用网络软件为计算机配置相应的协议，建立完善的网络应用平台，以确保网络中不同系统之间能够可靠、有效地相互通信和合作。

计算机可以处理信息，通信线路及连接设备可以传输信息，网络软件则对信息准确传输提供保障，三者缺一不可。

计算机网络的分类

网络的分类方法有多种，从地理范围划分是一种大家都认可的网络分类方法。按这种分类方法可以把网络分为局域网、城域网、广域网。局域网一般来说只能是一个较小区域内的网络互联，城域网是不同地区的网络互联，不过这里的网络划分并没有严格意义上地理范围的区分，只能是一个定性的概念。

局域网（Local Area Network，LAN）：所谓局域网，是指在局部地区范围内的网络，它所覆盖的地区范围较小。局域网在计算机数量配置上没有太多的限制，少的可以只有两台，多的可达几百台。局域网一般位于一个建筑物或一个单位内。随着技术的发展，出现了个人局域网，即个人网。它是指把属于个人使用的电子设备（如便携电脑等）用无线技术连接起来的网络，因此也常称为无线个人局域网 WPAN，其范围大约在 10m 左右。

城域网（Metropolitan Area Network，MAN）：这种网络一般来说是在一个城市，但不在同一地理小区范围内的计算机互联，这种网络的连接距离可以在 10 ~ 100 公里。MAN 与 LAN 相比扩展的距离更长，连接的计算机数量更多，在地理范围上可以说是 LAN 网络的延伸。在一个大型城市，一个 MAN 网络通常连接着多个 LAN 网，例如连接政府机构的 LAN、医院的 LAN、电信的LAN、公司企业的 LAN 等。

广域网（Wide Area Network，WAN）：这种网络也称为远程网，它所覆盖的范围比城域网（MAN）更广，一般可从几百公里到几千公里。它能够连接多个城市或国家，或横跨几个洲，并能提供远距离通信，形成国际性的远程网络。

网络还可以按照其他分类方法进行分类，例如拓扑结构、传输介质、通信协议等，这里不一一列举了，有兴趣可以上网查找相关分类方法。

计算机网络的功能

计算机网络最重要的三个功能是数据通信、资源共享、分布处理。

（1）数据通信。

数据通信是计算机网络最基本的功能。利用这一功能，可以快速传输计算机与其他终端、计算机与计算机之间的各种信息，例如文字信件、新闻消息、咨询信息、图片资料等；可实现将分散在各个地区的单位或部门用计算机网络联系起来，进行统一的调配、控制和管理。

（2）资源共享。

"资源"指的是网络中的所有硬件、软件和数据资源。"共享"是指网络用户能全部或部分使用网络内的共享资源。

硬件资源共享是指在整个网络范围内提供的各种相关设备的共享，例如高性能计算机、具有特殊处理功能的部件、高分辨率的彩色激光打印机、大型绘图仪和大容量的外部存储器等昂贵设备。硬件资源共享能使用户节省投资并且提高设备的利用率。软件资源共享是指可使用其他计算机上的软件。数据资源共享方便用户远程访问各类大型信息资源库，获得网络文件的传送服务及远程文件访问服务等，从而避免软件研制上的重复劳动以及数据的重复存储。例如利用网络，我们不仅可以看到并下载朋友计算机中的图片，还可以用共享打印机将该图片打印出来。这里的图片就是共享的数据资源，打印机就是共享的硬件资源。

网络信息传输示意图

（3）分布处理。

分布处理是指组成网络的多台计算机协同工作，并且协同工作的计算机之间按照协作的方式可实现资源共享和信息交流。

例如，在大型工程计算中，当某台计算机的任务过重时，网络控制中心会将部分工作自动转移到任务量较轻的计算机中去处理。此时的计算机网络像是一个高性能的大型计算机系统，可以完成一台普通计算机无法完成的任务。

四 走进名人堂

拉里·罗伯茨

拉里·罗伯茨（Larry Roberts）1937年12月21日出生于美国康涅狄格州。罗伯茨本科、硕士、博士均就读于麻省理工学院（MIT），拥有超高智商的他在软件设计、电脑绘图以及通信技术方面均有超凡的能力。罗伯茨获得博士学位后留校，在麻省理工学院的林肯实验室担任高级研究员。他后来成为"阿帕网（ARPANet）"项目负责人，带领团队建立了第一个"阿帕网"连接，被誉为"因特网之父"。

　　1969年11月21日，拉里·罗伯茨建立了第一个阿帕网连接。作为因特网的前身，"阿帕网"的出现具有非凡的意义，可以说没有它就没有因特网，下面我们将通过"阿帕网"的诞生带你了解拉里·罗伯茨。

　　拉里·罗伯茨的父母亲是耶鲁大学的化学家。拉里·罗伯茨是一个不折不扣的学霸，据说他可以在10分钟内读完一本精装书并且说出其中的要点。他的计算机知识都是自学而来，此后更是成为这一领域中的行家。此外他还有很好的组织管理能力。

　　冷战时期，美国政府为了提高军队作战通信保障能力，开始研究开发"炸不断"的通信网络。为此，1958年美国创建了ARPA，其核心机构之一是信息处理处（Information Processing Techniques Office，IPTO），主要进行电脑图形、网络通信、超级计算机等课题的研究。

　　进入20世纪60年代后，ARPA在美国国防部官员兼学者利克莱德领导下，致力于当时许多人没有理解到的"目标是使电脑成为人们进行交流的中介"这一研究工作。1964年9月，在美国第二届信息系统科学大会上利克莱德与一些科学家们探讨了如何建立一个网络以实现不同电脑之间的资源共享问题，于是建立电脑网络的思想就这样被提了出来。但是当时要建立这样一个网络主要缺的不是经费而是人才，这时在计算机领域表现出色的罗伯茨成了最佳目标人选。

1967年，罗伯茨正式进入ARPA。不负所托，上任不到一年，他就提出了阿帕网的构想——《多电脑网络与电脑间通讯》。随着整个计划的不断改进和完善，罗伯茨在描图纸上陆续绘制了数以百计的网络连接设计图，使结构日益成熟。1968年，罗伯茨提交了题为《资源共享的电脑网络》的报告，主要内容是让"阿帕"的计算机互相连接，以达到共享信息的目的。他们选择加州大学洛杉矶分校、加州大学圣巴巴拉分校、斯坦福大学、犹他州大学四所大学进行试验。在他的引领之下，多所大学和研究机构共同协作，试验终于成功，"天下第一网"阿帕网正式诞生。阿帕网实现了不同计算机之间的数据共享，较好地解决了异种机网络互联的一系列理论和技术问题，为此后因特网的出现和发展奠定了基础。

五　公司的力量

华为公司——执着奋斗　中国骄傲

提起华为，很多人知道它是中国赫赫有名的高科技公司。大家日常生活中接触比较多的是华为的手机、平板电脑等产品，其实华为是靠通信设备起家的，手机和平板电脑等业务仅仅是其中一个分支。

1987年，华为创立于深圳，起初只是一家生产用户交换机的香港公司的销售代理。后来开始自主研发交换机和其他通信技术。从创立那天起，通信就是它的主航道，无论怎样成长、变化，它从未"偏航"。

目前，国内运营商传输、数据网使用的基本都是华为的设备。华为的通信产品主要有程控交换机、传输设备、数据通信设备、系统集成工程、计算机及配套设备、终端设备及相关通信信息产品、数据中心机房基础设施及配套产品等等。华为的业务范围很广，主要包括无线接入、固定接入、核心网、传送网、数据通信、能源与基础设施、业务与软件、云存储、安全存储、华为终端等诸多方面。

华为的产品和解决方案已经应用于全球 170 多个国家，服务全球运营商 50 强中的 45 家及全球 1/3 的人口，是全球领先的信息与通信技术（ICT）解决方案供应商。华为打破了网络通信行业的垄断，丰富了网络设备的多样性；为世界各国建立了基础网络实施，解决通信

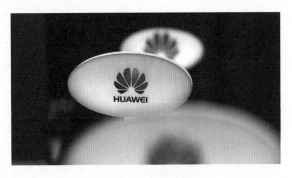

华为公司图标

难题；推进了通信技术发展，从 2G、3G、4G、5G 不断提升，增强用户体验。在自有知识产权方面，从 2000 年起华为国内外专利申请量飞速增长；华为制订了业界的通信标准，提高了我国通信产业的话语权；给世界各国带来大量就业机会，带动了世界经济发展；此外，华为推出的系列化 5G 解决方案，解决了 5G 网络部署难题等。

从 1987 年至今 30 多年，华为耐得住寂寞。其创始人任正非曾说："十几万人瞄准的是同一个城墙口，持续冲锋。"这无疑是一条正确的航道，30 年前，人类移动通信的普及率不足 1%，30 年后超过了 100%（全球移动终端拥有量）。无论是中国经济建设高潮的到来，还是全球消除数字鸿沟的需要，大规模发展通信基础设施，都是大势所趋。

"世界的华为"

从 1987 年创立至今，华为三十而立。到了 2017 年，华为已成为世界 500 强中的第 83 位。这家小小的民营通信企业，一路与中国改革发展同行。它不仅是中国人的骄傲，更成长为"世界的华为"。

 问与答

1. 网络传输速度最快是多少？

2017 年一季度《互联网发展状况》报告中显示，全球平均网速为 7.2Mbps。韩国以 28.6Mbps 的速度再次高居榜首。中国的网速平均为 7.6Mbps，排在第 74 位。那么，你知道目前世界上最快的网速到底是多少吗？

首先来看看网速最快的韩国。韩国的网速是世界平均水平的4倍，并计划推出5G和1Gbps的超级网速，这足以在1秒内下载一部高清电影。在移动网络领域，欧洲是全世界速度最快的区域，而西班牙又是其中最快的国家。对于4G网络来说，他们的网速平均会在18Mbps以上。

作为最早接触网络的机构，美国国家航空航天局（NASA）内部隐秘网络——能源科学网的网速高达91Gbps，相当于美国普通网民的10000倍，这样的网速主要运用于处理海量数据。目前世界最快的网速记录是1.4TBbps，利用这样的高网速可以在一秒内下载44部高清电影。这项纪录来自英国电影塔与研究院之间一段长为410千米的光纤通信。以上这些高速网络主要应用于大型机构，对于普通家庭来说，未来有可能接触到的高速网络是Li-Fi。Li-Fi理论速度可以达到1Gbps，比现有4G网速快100倍。更为重要的是，Li-Fi用可见光传输，普及性极高。

2. 无线网络会取代有线网络吗？

大家平时使用的手机或计算机大都是通过无线方式接入因特网。无线网络最终会不会取代有线网络呢？

目前的网络结构从传输角度可以划分为骨干网和接入网。骨干网是用来连接多个区域或地区的高速网络，要求大容量、高速度、低损耗传输，目前的骨干网主要是以光纤为传输介质的有线网络。无线网络是采用无线通信技术实现的网络，它在一定程度上扔掉了有线网络必须依赖的网线。无线网络主要用于解决通信"最后一公里"的问题。

在理论上，有线网络更适合长距离的通信，主要是因为它能够应对特殊的室外环境，此外，无线频谱资源有限，无法满足所有需求，而通信的终端可以是无线的。

未来的网络，骨架会越来越强健，在相当长时间内仍将是一个有线的网络，但整个网络的末梢，无线的比例会越来越高。

3. "云"给我们带来了什么？

"云"是人们对云技术的简称。云技术是指在广域网或局域网内将硬件、软件、网络等系列资源统一起来，实现数据的计算、储存、处理和共享的一种托管技术。它的发展为我们的经济生活带来很大的变化。

目前云技术已经进入各行各业，例如物流行业，货运单上有很多手写的地址信息，在用摄像头扫描之后，经过图像识别，可以把这些数据变成结构化信息存入云端进行管理，使寄件人能够随时随地使用不同的终端获取包裹的物流信息。

政府公共部门，例如交通、安全、社区等越来越依靠云技术进行数字化升级，实现高效、精细的新型社会管理。云是人工智能的强载体，在新的云时代，云端用人工智能处理大数据，整个社会经济将会发生巨大的变革。

4. 计算机网络未来会怎么发展？

未来，移动计算、移动设备和智能空间会大量部署。轻量级、廉价、高性能、便携的计算和通信设备使我们无论到何处，无论携带什么设备或获得何种接入，都能访问因特网服务。

物联网的兴起，将使我们从信息空间虚拟世界移动到智能空间的物理世界，我们的环境（办公桌、墙壁、车辆、钟表、腰带等）将因技术而"栩栩如生"。当走进一个房间时，该房间知道我们的到来。我们将能够借助物联网与环境自然地通信，如同与其他人对话一样。

未来的网络还将在各处部署智能软件代理，它们的功能是挖掘数据，根据数据采取动作，观察趋势，并能动态地、自适应地执行任务。相当多的网络流量并不是由人产生的，而是由嵌入式设备和智能软件代理产生。大批的自组织系统控制着这个巨大、快速的网络。巨量的信息瞬间通过网络得到强力处理和过滤。计算机网络最终将是一个无所不在的全球性神经系统。

第二节　因特网

　　因特网是世界范围内连接的网络集合，它提供了丰富的信息、商品、资源。人们购买计算机和智能手机的一个重要原因就是用于访问因特网。因特网改变了人们的生活方式，无论是学习、工作、还是娱乐，都离不开因特网。因特网连接了每个人，连接了整个世界，也改变了世界。

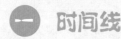 时间线

网络的发展

1990 年
蒂姆·伯纳斯·李开发了远程控制计算机的方法，创建了万维网（WWW）

1972 年
雷·汤姆林森将电子邮件功能加入网络

1969 年
阿帕网开始建立

1983 年
开设域名系统的想法被正式提上日程

体验活动

当使用计算机、手机、平板电脑等终端上网时，这些设备就处在因特网的一个节点上，并且拥有在网络上的身份标识——IP 地址，IP 地址相当于家庭的门牌号码。此外，在使用网络时，人们通常会关注宽带速率，宽带速率越高，计算机上传和下载的速度越快，上网体验越好。那么，怎么才能知道当前计算机的 IP 地址与宽带速率呢？通过下面的体验活动，我们将会了解获取 IP 地址和宽带速率的方法。

活动 1 查询本机 IP 地址

打开 DOS 窗口，输入"ipconfig"命令并回车，该命令可以返回本机的 IP 地址信息。下面两图分别显示了在以太网和无线网中，本机 IP 地址、子网掩码和默认网关的地址。

2008 年
全球互联网用户数超过 15亿。中国网民数量达到2.5亿，成为世界上互联网用户最多的国家

2006 年
全球互联网用户超过 10亿

2002 年
全球互联网用户超过5亿

2014 年
移动互联网越来越受欢迎

2007 年
苹果公司推出 iPhone手机，上百万人由此使用无线互联网服务

177

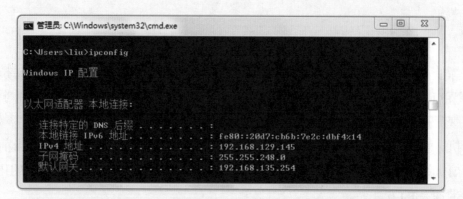

以太网中本机的 IP 地址信息

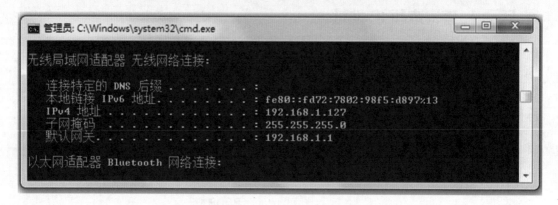

无线局域网中本机的 IP 地址信息

活动 2 检测宽带速率

网络和高速公路类似，带宽越大，其通行能力越强。宽带速率的单位为 bps，表示比特每秒，即每秒钟传输多少位信息。可以用以下三种方法检测本机的宽带速率。

1. 通过网络运营商网站

（1）访问中国电信网上营业厅。

（2）在首页左侧导航中选择"宽带"—"宽带服务"—"宽带测速"。

（3）点击"宽带测速"后，看到宽带助手界面。

（4）点击"开始测速"，检测本机的宽带速率。

中国电信网上营业厅的宽带测速

2. 使用 360 安全卫士中的测速工具

（1）打开 360 安全卫士。

（2）选择"功能大全"—"我的工具"—"宽带测速器"，开始检测本机宽带速率。

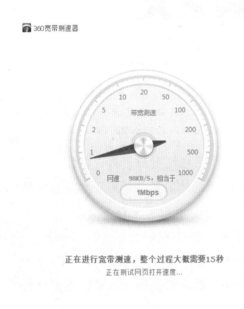

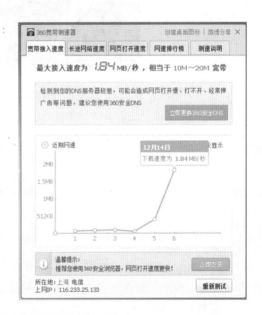

360 安全卫士的宽带测速

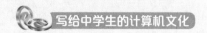

3. 使用测速网站

测速网站有很多，以 speedtest 网站为例，访问该网站，点击开始测速，可以检测到的本机宽带速率。

通过测速网站进行测速

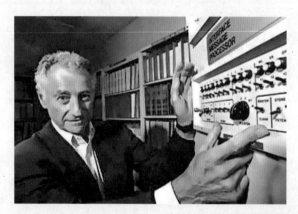

40 年前，雷·克雷洛克等研究人员完成了早期的网络数据传输试验

测宽带速率时请关闭其他正在运行的网络应用程序（例如 QQ、FTP、防火墙），不要同时下载其他网页和软件。尝试在不同时段测试，最好是在非繁忙时间来做多次测试，取结果的平均值，会得到比较准确的宽带速率。

影响宽带速率的因素有很多，包括电脑的配置、CPU 频率及系统内存的容量、是否安装了网络防火墙、计算机是否有病毒、上网终端设备的性能、测速服务器是否处于忙时段等。

 概述

因　特　网

因特网的前身是阿帕网。阿帕网是美国国防部高级研究计划署组建的计算机网络，它的目标是建立一个网络，这个网络允许处于不同物理位置的科学家分享信息，并在军事科学项目上合作；同时即使网络的一部分被诸如核攻击之类的灾难所禁用或破坏，其余的部分也能发挥作用。

最初的阿帕网只在美国加州大学洛杉矶分校、美国斯坦福大学等四个大学设立节点。一年后阿帕网节点扩大到15个，众多计算机跑步般地被编织入网，平均每20天就有一台大型计算机登录网络。1973年，阿帕网利用卫星技术跨越大西洋与英国、挪威实现连接，世界范围的计算机登录网络开始了。

因特网的 IP 地址和域名

因特网上的每台计算机都有一个地址，称为 IP 地址。IP 地址用来给因特网上的计算机进行编号。利用它可以为互联网上的每一个网络设备和每一台计算机分配一个逻辑地址，以此来屏蔽物理地址的差异。在日常生活中，每台联网的计算机都需要有 IP 地址，这样才

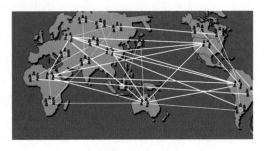

因特网模拟图

能实现计算机正常通信。如果把计算机比作一台电话，那么 IP 地址就相当于电话号码。IP 地址是 IP 协议提供的一种统一的地址格式，它通常用点分十进制表示成（a.b.c.d）的形式，例如，点分十进 IP 地址（100.4.5.6）。计算机长期在使用的 IP 地址是 V4 版本即 IPv4，目前 IP 地址的发展趋势是上升到 V6 版本，即 IPv6。

由于 IP 地址不容易记忆，因而产生了域名（domain name）这一种字符型标识。以谷歌的域名 google.com 为例说明。谷歌域名由两部分组成，标号"google"是这个域名的主体，标号"com"则是域名的后缀，代表这是一个国际域名，是顶级域名。在域名前加上"www."代表的是谷歌的网址。

因特网的接入

人们可以通过有线或无线技术将计算机连接到因特网，再通过收费或免费的方式使用因特网服务。有线连接指计算机通过电缆、光纤等通信介质连接到网络通信设备，如调制解调器。无线连接指计算机通过必要的内置技术，以无线的方式接入网络。有些计算机还可以使用无线调制解调器或其他通信技术连接到网络。下表列出了常见的通过有线和无线接入因特网服务技术的例子。

类　型	技　术	描　述
有线	电缆	使用电缆调制解调器，通过有线电视网络提供高速因特网接入
	DSL	使用 DSL 调制解调器，通过电话网络提供高速因特网接入
	光纤 FTTP FTTH	使用光纤调制解调器，通过光纤电缆提供高速因特网接入
无线	Wi-Fi	使用内置 Wi-Fi 功能或能实现 Wi-Fi 连接的通信设备，通过无线电信号提供高速因特网连接
	移动宽带	使用内置兼容技术（如 3G、4G 或 5G）或无线调制解调器或其他通信设备，通过蜂窝无线网络提供高速因特网连接
	固定无线	使用建筑物上的碟形天线，通过无线电信号与塔的位置通信，提供高速因特网连接
	卫星因特网服务	通过卫星调制解调器，卫星向与之通信的卫星盘提供高速因特网连接

因特网服务提供商

人们享用因特网的各种服务，如上网浏览、传输文件、收发电子邮件、搜索信息等。这些服务都离不开因特网服务提供商（Internet Service Provider），简称 ISP。它指的是面向人们提供接入服务、导航服务和信息内容服务的运营商。

（1）接入服务。

接入服务即是帮助人们接入因特网。国内能够提供接入服务的运营商有中国电信、中国移动、中国联通，通过它们提供的服务，人们才能接入因特网，获取各种类型的服务。

（2）导航服务。

导航服务即帮助人们在因特网上找到所需要的信息，能够提供导航服务的运营商有谷歌、百度等。

（3）信息内容服务。

信息内容服务即建立数据服务系统，收集、加工、存储信息，定期维护更新，并通过网络向人们提供信息内容服务，能够提供信息服务的运营商有新浪、搜狐、网易等。

四　走进名人堂

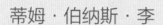

蒂姆·伯纳斯·李

1955年6月，蒂姆·伯纳斯·李（Tim Berners-Lee）出生于英格兰伦敦西南部。他的父母都曾参与了世界上第一台商业电脑曼彻斯特1型（Manchester Mark I）的建造。1973年中学毕业后，蒂姆·伯纳斯·李进入牛津大学王后学院深造，以一级荣誉获得物理学士学位。2017年，他因"发明万维网、第一个浏览器和使万维网得以扩展的基本协议和算法"而获得2016年度的图灵奖。

因特网在20世纪60年代就诞生了，但在相当长的时间里，它蜷缩在专业人士的圈子，与普通公众相隔甚远。因特网为什么没有迅速流传开来呢？很重要的原因是连接到因特网需要经过一系列复杂的操作，网络的权限很分明，网上内容的表现形式极端单调枯燥。

1984年，一个偶然的机会，蒂姆来到瑞士的日内瓦，进入著名的欧洲原子核研究总部。在这里年轻的蒂姆接受了一项极富挑战性的工作：为了使欧洲各国的核物理学家能通过计算机网络及时沟通传递信息进行合作研究，委托他开发一个软件，以便使分布在各国各地物理实验室、研究所的最新信息、数据、图像资料可供大家共享。

工作中的蒂姆

早在牛津大学主修物理时，蒂姆就不断地思索，是否可以找到一个"点"，就好比人脑，能够透过神经传递、自主做出反应。经过艰苦的努力，他成功编制了第一个高效局部存取浏览器"Enquire"，并把它应用于数据共享浏览等，取得了成功。初战胜利大大激发了蒂姆的创造热情，小范围的计算机联网实现信息共享已不再是目标，蒂姆把目标瞄向建立一个全球范围的信息网上，以彻底打破信息存取的壁垒。

80 年代后期，超文本技术已经出现，但没有人想到把这项技术应用到计算机网络上来。有一次蒂姆端着咖啡，经过怒放的紫丁香花丛，盛夏幽雅的花香伴随醇香的咖啡味使他灵感迸发：人脑可以透过互相连贯的神经传递信息（咖啡和紫丁香的香味），为什么不可以经由电脑文件互相连接形成"超文本"呢？说干就干，1989 年仲夏之夜，蒂姆成功开发出世界上第一个 Web 服务器和第一个 Web 客户机。虽然这个 Web 服务器简陋得只能说是原子核研究总部的电话号码簿，因为它仅允许用户进入主机查询每个研究人员的电话号码，但它实实在在是一个所见即所得的超文本浏览／编辑器。1989 年 12 月，蒂姆将他的发明正式定名为 World Wide Web，即我们熟悉的 WWW，中文译为"万维网"。1991 年 5 月，WWW 在因特网上首次露面，立即引起轰动，获得极大成功，并被广泛推广应用。

WWW 技术给因特网赋予了强大的生命力，Web 浏览的方式给了互联网靓丽的青春。万维网以一种前所未有的方式极大地推广了因特网，并且让因特网的使用得以普及。今天，作为 Web 之父的蒂姆·伯纳斯·李早已经功成名就，但仍然坚守在学术研究岗位上，他那种视富贵如浮云的胸襟真正体现了一个献身科学的学者风范。回顾过去，蒂姆——这位满怀浪漫理想主义的科学家，以谦和的语气说："Web 可以给梦想者一个启示——你能够拥有梦想，而且梦想能够实现。"

蒂姆·伯纳斯·李在 2012 年伦敦奥运会开幕式上

2012 年伦敦奥运会开幕式上，创造了万维网的蒂姆应邀来到主体育场中央。在全世界的注目下，他在自己当年写作万维网软件的同型号计算机上敲出朴实无华却又见证着人类高贵品质的这一行字——"This is for everyone"。简单的四个单词，却将全人类联系在一起。人们的掌声和欢呼属于每一个互联网技术的伟大贡献者。

五 公司的力量

腾讯——一切以用户价值为依归

腾讯公司成立于 1998 年 11 月，总部位于深圳，经过短短十几年的时间，腾讯已发展成为中国的一大互联网巨头，也是中国服务用户最多的互联网企业之一。腾讯的多元化服务包括微信、QQ、QQ 空间、QQ 游戏平台、门户网站腾讯网、腾讯新闻客户端、腾讯视频、腾讯金融、腾讯人工智能实验室等。

腾讯公司图标

基于连接

1999 年腾讯的 QQ 即时通讯开通，与无线寻呼、GSM 短消息、IP 电话网互联。那时候带宽很窄，大家上网也没有娱乐项目，即时通讯成为了刚需。接下来的10 年，腾讯公司迅速成长起来。2011 年腾讯推出微信，抢占了一个历史的重要时间窗口，赶上了移动互联网的大潮。

从互联网到移动互联网，人和人之间的双向连接越来越重要。腾讯专注于做互联网的连接器，不仅把人连接起来，还要把服务和设备连接起来。

腾讯公司 – 互联网的连接器

产品思维

抓住机遇只是一个开始，互联网企业产品才是王道。在腾讯，有一个"10/100/1000 法则"——产品经理每个月必须做 10 个用户调查，关注 100 个用户博客，收集反馈 1000 个用户体验。他们必须每天到各个产品论坛去"潜水"，不仅如此还要去搜索微博、博客、RSS 订阅，因为高端用户不屑于去论坛提出问题，所以产品经理要主动去查、去搜，然后与用户接触、解决问题。有了这些基础后，再把人性化的思考加进来，一同打磨产品。

综上所述，不难理解腾讯的经营理念——一切以用户价值为依归；以及腾讯的使命——通过互联网服务提升人类生活品质。使产品和服务像水和电一样融入生活，为人们带来便捷和愉悦。关注不同地域、群体，并针对不同对象提供差异化的产品和服务，打造开放共赢平台，与合作伙伴共同营造健康的互联网生态环境。

腾讯公司注重产品思维

腾讯公司打造开放共赢平台

六 问与答

1. 因特网到底是怎么传输数据的?

以从云端服务器下载一张照片为例。计算机首先会捕捉到下载照片的请求,并将之进行打包(打包成一串电脉冲),然后盖上云服务器地址的章,最后数据包即飞奔离去。这个请求数据包会跟它周围数万亿个数据包一起,先后到达能够读取数据包地址的中心计算机上,再由它们将数据包传输到线路最为通畅的计算机上,如此反复直至数据包到达海底着陆站(光缆设在海底,例如中美互联网数据传输就要通过中美海底光缆)。

海底的高速光缆将下载照片的请求从电脉冲转换成光脉冲,并发送出去。下载图片的请求跟另外 1 万个下载请求及视频流和电子邮件一道以每秒承载 10 兆亿(信息量)的波长通过海底传播。多达 70 个其他的信息波也在同一条光纤上,而每条光缆上有八条这样的光纤。

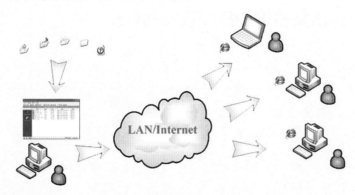

网络传输数据示意图

正因为如此，下载请求瞬间就能传输数千千米，其目的地则为 1 亿个服务器机群中的某一个，从瑞典到美国中西部密集部署着这样的服务器。这些服务器在高速处理海量数据时会迅速变热，所以它们要用掉 1.5% 的全球电力以维持正常运行状态，从而保证数据的成功传播。一张数码图片大小约为一个数据包的 5000 倍，所以在把它传给中转服务器之前，必须将之分成 5000 份，细分的数据包随即会发送到请求的计算机上，最后还原成图片，并依数据包传输先后呈现图片。

2. 因特网的中心化格局会被打破吗？

万维网的设计者蒂姆·伯纳斯·李认为因特网是去中心化的拓扑结构，每个人都可以建设自己的网站。但现在，因特网已经越来越成为一种中心化结构，例如域名只能去某几个特定网站申请，服务器只能选择少数的云服务器。很多新的创业公司都不想建立自己的网站，在公众号里完成服务，可以在某个平台开店销售商品，何必要自己建立一个中心点呢？流量哪里来？还不如寄生在一个大平台上面。因特网越来越中心化，其实质就是垄断。因特网的中心化也不完全是市场竞争的结果，大公司用流量控制住所有新的可能。

因特网没有中心，但人是向往抱团的，有人不愿意被控制，但也有人乐于被控制。因特网的信息来源是去中心化的，信息发布平台是中心化的。前者促进信息来源的丰富性，后者促进信息发布和获取的方便性。有人喜欢中心化，因为用起来方便，也有人认为这样违背了因特网的初衷，让人失去自由和创新性，剥夺个人的思考。因特网未来是否会打破中心化的格局？随着互联网＋的发展，因特网的生态环境也在发生变化，让我们拭目以待。

3. 为什么需要从IPv4升级到IPv6？

IP 地址就像门牌号，只有知道计算机的"门牌号"，数据才会准确无误地到达。目前因特网中广泛使用的 IP 协议均为 IPv4 协议，IPv4 是 "Internet Protocol Version 4" 的缩写，已经有近 20 年的历史了。IPv4 采用 32 位地址长度，只有大约 42 亿个地址，随着互联网的迅速发展和物联网的兴起，越来越多的智能设备需要接入，除了计算机外，汽车、手机、手表、电视、洗衣机、电冰箱、电水壶、甚至建筑物、树木盆栽，还有宠物的可穿戴设备等，都可能需要

IP 地址，人们也越来越希望得到全天 24 小时不间断的接入服务。

IPv4 与 IPv6

而现在 IPv4 有限的地址资源几乎被耗尽，截至 2016 年 10 月底，亚太、欧洲、拉美、北美等地区 IPv4 地址已完全用完。根据中国互联网络信息中心的最新数据，我国 7.51 亿互联网用户仅有 3.38 亿 IPv4 地址，人均 0.45 个，远远不能满足需求。现在很多人使用的都是一个 IP 地址映射出的虚拟地址。

IPv6 是 "Internet Protocol Version 6" 的缩写，是由国际互联网标准化组织 IETF 设计的用于替代现行版本 IPv4 的下一代互联网核心协议。与 IPv4 相比，IPv6 采用 128 位地址长度，理论上提供的 IP 地址数量可达 2 的 128 次方，几乎可以 "为全世界的每一粒沙子编上一个网址"。

大力发展基于 IPv6 的下一代互联网，能有助于显著提升互联网的承载能力和服务水平，共享全球发展成果。推进 IPv6 规模部署是互联网技术产业生态的一次全面升级，能够高效支撑移动互联网、物联网、工业互联网、云计算、大数据、人工智能等新兴领域快速发展。

对于普通网民，IPv6 的全面推进则意味着更高速、更便利、更安全。IPv6 可以对源地址有效溯源，同时对源地址有一套验证体系，这些可以更好满足身份验证的需求，抵御网络攻击，相当于从技术上为每个人分配了一个 "网络身份证"。IPv6 可以精准定位地址，未来 IPv6 地址会和电话号码一样，从号码前几位就知道用户是从哪里注册的，显示出用户的身份信息，因为每一个地址都是真正独一无二的。

4. "互联网+" 下该如何学习?

"互联网 +" 打破了权威对知识的垄断，让教育从封闭走向开放，人人能够创造知识，人人能够共享知识，人人也能够获取和使用知识。在开放的大背

"互联网+"学习

景下，全球性的知识库正在加速形成，优质教育资源得到极大程度的充实和丰富，这些资源通过互联网连接在一起，使得人们能随时、随事、随地获取想要的学习资源。知识获取的效率大幅提高，获取成本大幅降低，为建设终身学习的学习型社会奠定坚实的基础。

可汗学院利用网络影片进行免费授课，并提出"翻转课堂"的理念。不少学生利用类似的网络资源，进行个性化的自适应学习，并从中获益。

随着移动互联网的发展，手边的移动设备上有了越来越多的学习资源，例如，各种教育类APP、公众号、在线教师辅导等，学生可以更方便地找到适合自己的学习资源和工具。

VR（虚拟现实）技术也给学习带来新途径：通过VR影片学习历史，通过VR课件学习立体几何训练空间想象力，学习化学分子结构，模拟物理化学实验，通过VR学习解剖，感受外太空等。

AI（人工智能）在教育上的推进可以帮助学生与家长精细认知学生的学习情况，并提供个性化学习建议和策略。

作为学生，要善于利用互联网+下的各类学习资源和工具，将数字化学习和传统学习结合起来，为适应未来的教育打好基础。

第七章

智能时代　未来已来

　　人类智慧最成功的事件就是对抽象符号的处理，人工智能的倡导者看到了计算机与人类智慧之间的相似之处，认为计算机也可以处理抽象符号。从1956年达特茅斯会议上约翰·麦卡锡提出人工智能的概念起，至今已经60多年，但是人工智能的重大突破却是在大数据井喷式爆发的今天。大数据让人工智能水平有了本质的提高。人工智能渗透到社会生活的各个角落，人们一方面为其发展速度感到欣喜和震惊，另一方面，发展中产生的各种问题也值得引起注意、思考和讨论。

数据是新的石油。

——安德雷斯·韦恩牟

（亚马逊前任首席科学家）

我设想在未来，我们可能就相当于机器人的宠物狗狗，到那时我也会支持机器人的。

——克劳德·香农

（信息论之父）

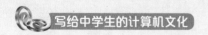

第一节　大数据

大数据开启了一次重大的时代转型。就像望远镜让我们能够观测星空、感受宇宙、显微镜能够观测微生物一样，大数据正在改变我们的生活方式以及理解世界的方式，成为新发明和新服务的源泉，更多的改变等待我们去探索……

 时间线

大数据主要发展阶段

2011 年
2 月，IBM 沃森在美国智力竞赛电视节目上击败两名人类选手夺冠，被纽约时报认为是"大数据计算的胜利"

2008 年
大数据概念在白皮书《大数据计算：在商务、科学和社会领域创建革命性突破》中被提出

2015 年
国务正式印发《促进大数据发展行动纲要》，标志着大数据上升为国家战略

2005 年
Hadoop 项目诞生，实现功能全面和灵活分析大数据

2012 年
1 月，在瑞士达沃斯召开的世界经济论坛上发布的《大数据、大影响》宣称数据已成为一种新的经济资产类别

2010 年
肯尼斯库克尔发表大数据报告《数据，无所不在的数据》

2016 年
国家大数据"十三五"规划出台，标志着大数据产业将迎来新一轮发展机遇

 **体验活动**

大 数 据 分 析

目前，大数据领域每年都会涌现出大量新的技术，这些技术能够将大规模数据中隐藏的信息和知识挖掘出来，将庞大的数据转化为切切实实的产品，发挥经济效益，创造更大的社会价值。谷歌趋势、阿里指数、微指数等，其实都是大数据产品。下面，我们通过微指数来体验大数据分析的魅力。

微指数界面

活动 1 指数探索

微指数是通过关键词的热议度以及行业 / 类别的平均影响力来反映微博舆情或帐号的发展走势。

（1）在搜索引擎中搜索"微指数"，并打开对应网站。

（2）在搜索框中输入想分析的内容。例如，想了解东方明珠的网络搜索关注情况，输入关键词"东方明珠"，点击"搜索"按钮。

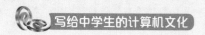

（3）从"整体趋势"中可以看出哪些天为"东方明珠"搜索的高峰期，点击"PC＆移动趋势"可以了解到在PC和移动设备上的搜索情况。

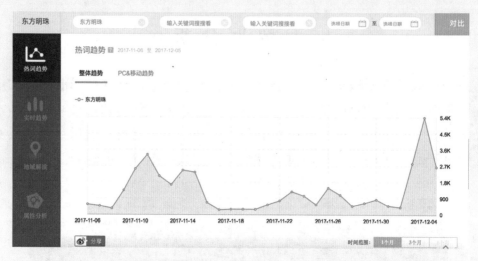

微指数"热词趋势"显示结果

（4）点击"实时趋势"可以看到1小时或24小时内关键词的搜索情况。从界面下方的"实时指数数据解读"里进一步了解关键词的相关信息。

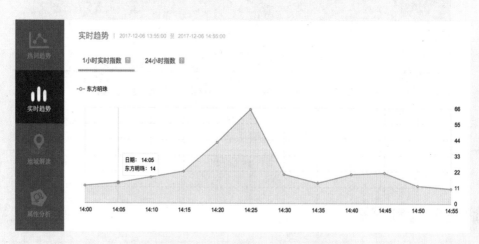

微指数"实时趋势"显示结果

（5）点击"属性分析"可以了解关注东方明珠的人群特性，例如性别、年龄、标签比例、星座比例。

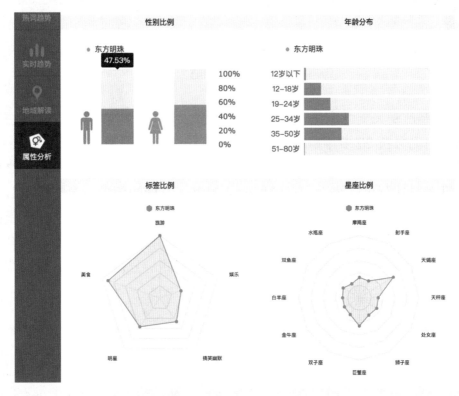

微指数"属性分析"显示结果

活动 2 微报告探究

通过微报告可以了解更为系统的行业数据分析报告。

（1）在搜索引擎中输入关键词"微博报告发布平台"，打开对应网站。

（2）在搜索框中输入"2016微博短视频行业报告"，查找并打开相关报告。

（3）阅读报告，了解互联网、大数据、智能终端等发展背景下短视频的发展现状与发展趋势。思考一般可以从哪些角度分析收集到的大数据。

　　体验到这里，大家可能会有一个疑问：上面这些统计似乎并不复杂，按照传统问卷调查的方式也可以获得。事实上，人工统计的处理量非常大，耗时也很长。在美国历史上就出现过人口普查 10 年还未完成统计的情况。为了解决这个难题，IBM 公司发明了第一台自动制表机，并在 1890 年人口普查中取得巨大成功。

三 概述

大 数 据

1600 年丹麦天文学家第谷与开普勒相遇，第谷希望数学才华横溢的开普勒能帮助自己分析 20 多年积累的天文数据。但是开普勒来到第谷身边仅 10 个月，第谷便去世了。开普勒继承了第谷留下的大量宝贵的天文数据资料之后，找到了准确描述行星围绕太阳运动的轨迹模型——椭圆模型。过去大量数据常常产生于科学研究，在科学技术非常发达的今天，人们生活中也产生大量的数据，并且数据量之大已经超出了传统数据库软件工具能力范围的数据集合，专家们称之为大数据。利用技术手段对大数据的存储、分析、应用，将最终带来一场智能革命。

大数据的产生

数据库的出现使数字、文本、图片、视频能够不加区分地保存在计算机中，数据的内涵扩大为"一切保存在计算机数据库的信息"。此后，1965 年摩尔提出计算机硬件发展规律——摩尔定律，指出"计算机硬件的处理速度、存贮能力一到两年将提升 1 倍"，与此同时储存成本也在降低。存储性能的提高及成本的降低为海量数据存储奠定了基础。计算设备越来越小，使各类传感器得到更为广泛的应用，物联网得到发展，而物联网的发展为大数据的产生提供了条件。数据科学家托勒密早在 1980 年就预言"大数据"的产生，但由于当时技术发展的局限性，并未引起业界关注。1997 年美国研究员大卫·埃尔斯沃斯和迈克尔·考克斯再次提出"大数据"的概念，并指出数据大到内存、本地磁盘甚至远程磁盘都不能处理，这类数据的可视化问题称为大数据。大数据的形成是以信息技术为前提而衍生出的新型产物，随着技术的发展、数据量越来越大，引起人们对数据本身的关注，大数据概念应运而生。

大数据的特征

大数据的特征经历了 3V、4V 到 5V 的演变。

2001 年高德纳的分析员道格·莱尼在一份与其研究相关的演讲中指出，数据增长面临着三个方向的挑战和机遇，分别是数量（Volume）、速度（Velocity）、多样性（Variety），即大数据的 3V 特征。

在莱尼的理论基础上，IBM提出大数据的4V特征，并得到业界的广泛认可，即数量（Volume）、多样性（Variety）、速度（Velocity）、真实性（Veracity）。

随后IBM在4V基础又提出大数据的5V特征，分别是多样性（Variety）、速度（Velocity）、数量（Volume）、低数价值密度（Value）、真实性（Veracity）。

大数据特征从3V到5V的演变，不仅说明人们对大数据的认识在改变，更说明人的思维方式也在改变。现在的数据量相比过去大了很多，量变带来了质变，人们的思维方式、做事的方法也应该和以往有所不同。从大数据本身特点出发，人们更多需要关心大数据的功用，怎样有效挖掘大数据的规律，更好地预测未来。

和大数据相关的技术

（1）云计算技术。大数据常和云计算联系到一起。云计算是基于Web的一种服务形式，通过整合、管理、调配散布在网络各处的资源信息，统一向用户展示，提供服务。云计算思想起源于麦卡锡在20世纪60年代提出的把计算能力作为一种像水和电一样的公用事业提供给用户的理念。如今，在谷歌、亚马逊、脸书等一批互联网企业引领下，一种行之有效的模式出现了：云计算提供基础架构平台，大数据应用运行在这个平台上。可以这么形容两者的关系：没有大数据的信息积淀，云计算的计算能力再强大，也难以找到用武之地；没有云计算的处理能力，大数据的信息积淀再丰富，也终究只是镜花水月。那么大数据到底需要哪些云计算技术呢？这里列举一些，例如虚拟化技术、海量数据的存储和管理技术、实时流数据处理、智能分析技术等。

（2）分布式处理技术。分布式处理系统可以将不同地点的或具有不同功能的或拥有不同数据的多台计算机用通信网络连接起来，在控制系统的统一管理控制下，协调地完成信息处理任务。使用分布式处理技术处理大数据就是将大量数据分割成多个小块，由多台计算机分工计算，最后将结果汇总。

（3）存储技术。大数据存储致力于研发可以扩展至PB甚至EB级别的数据存储平台。摩尔定律指出每18个月集成电路的复杂性增加一倍，所以，存储器的成本大约每18~24个月就下降一半。成本的不断下降造就了大数据的可存储性。例如，谷歌大约管理着超过50万台服务器和100万块硬盘，而且谷歌还在不断地扩大计算能力和存储能力，其中很多的扩展都是基于廉价服务器和普通存储硬盘，这大大降低了服务成本，可以将更多资金投入到技术研发当中。

大数据的应用

（1）互联网大数据。互联网上的数据每年增长50%，每两年翻一番，目前世界90%以上的数据都是最近几年才产生的。据互联网数据中心（IDC）预测，到2020年全球将总共拥有35ZB的数据量。互联网是大数据发展的前沿阵地，随着Web 2.0时代的来临，人们似乎都习惯了将自己的生活通过网络进行数据化，方便分享、记录及回忆。

（2）政府大数据。政府各个部门都握有构成社会基础的原始数据，例如气象数据、金融数据、电力数据、道路交通数据、医疗数据、教育数据等，这些数据在各个政府部门里面看起来是单一和静态的，但是，如果将这些数据关联起来，进行有效的分析和统一管理，价值就非常大。

（3）企业大数据。企业的首席技术官（CTO）们最关注的是数据报表曲线背后有怎样的信息，他该做怎样的决策，其实这一切都需要通过数据来传递和支撑。在理想世界中，大数据是巨大的杠杆，可以改变公司的影响力，带来竞争差异、节省资金、增加利润、转化潜在客户为真正的客户、增加吸引力、开拓客户群并创造市场。

（4）个人大数据。与个人关联的各种数据信息被有效采集后，可由本人授权提供给第三方进行处理和使用，并获得第三方的数据服务。

四　走进名人堂

维克托·迈克·舍恩伯格

1966年维克托·迈尔·舍恩伯格（Viktor Mayer-Schönberger）出生于奥地利。他是研究数据科学的技术权威，是最早洞见大数据时代发展趋势的数据科学家之一，也是最受人尊敬的权威发言人之一，著有《大数据时代》《删除：大数据取舍之道》等。

维克托·迈克·舍恩伯格是牛津大学网络学院互联网治理与监管专业教授，潜心研究数据科学十余年，被誉为"大数据时代的预言家"，是倡导大数据商业应用第一人。舍恩伯格之所以在国内名声大噪，主要是因为他的两本畅销书、关于大数据的先河之作——《大数据：一场将改变我们生活、工作和思考方式的革命》（中文版又名《大数据时代》）、《删除：大数据取舍之道》。前者揭示了大数据给人类带来的巨大改变，后者则尝试探索大数据时代人类应该如何构建积极而安全的未来。人们对舍恩伯格的兴趣不仅在于他的研究，还延伸至他本人以及他获得一系列学术成就的过程。

　　1966 年，舍恩伯格出生在奥地利，他的父亲是一位在当地有自己事务所的税务律师。他出生那年，父亲买来了小镇上第一台计算机。这台巨大的个人计算机运转时发出的嗡嗡声陪伴了舍恩伯格的整个童年。小时候，舍恩伯格梦想成为发明家。读书时，舍恩伯格最喜欢的科目是物理和数学，进而又对计算机着迷。十一二岁时，他就想用那台计算机编程。到了高中时期，这位天才少年先后在国际物理奥林匹克竞赛和奥地利青年程序员竞赛中获奖。17 岁时，舍恩伯格第一次触网。他捣鼓了好几个月，试掉了一大笔电话费，最终连上了一个提供初级邮件、论坛等商业在线服务的无线电通讯网站。此后，舍恩伯格便一发不可收拾，对网络着了迷。1986 年，年仅 20 岁、没读完大学的舍恩伯格创业并成立杀毒软件公司，开发了一款当时奥地利最畅销的杀毒软件。

　　父亲始终希望他继承家业。20 岁时，舍恩伯格顺从父亲，先在奥地利萨尔茨堡大学读了法学本科，之后进入哈佛法学院学习。从哈佛毕业后，舍恩伯格又拿到了萨尔茨堡大学的法学博士以及伦敦政经学院的理学硕士学位，并依照对父亲的承诺，在伦敦一所大学教书。父亲的离世让他放弃原来的事业规划，回到了老家，一年后，他卖掉父亲的公司，重回学术圈。

　　自 1998 年起，舍恩伯格的学术研究步入正轨。2010 年，在他组织的一次研讨会上，几乎所有参会者发言都提及社会运转模式正在发生某种改变，但谁也说不出这种变化的实质是什么。2012 年 12 月，舍恩伯格与《经济学人》的数据编辑库克耶合作的《大数据时代》出版，这本大数据研究的先河之作不仅广受媒体好评，还让舍恩伯格知名度大涨。

　　在书中，舍恩伯格通过各种例子展现大数据为生活带来的改变。例如，一家叫 Farecast 的公司通过近十万亿条价格记录来预测美国国内航班的票价。到 2012 年为止，票价预测的准确率达到 75%，使用 Farecast 票价预测工具购买机票的旅客，平均每张机票可节省 50 美元。

"大数据的核心是预测。它通常被视为人工智能的一部分，或者说是一种机器学习。但其实，这种定义具有误导性。大数据不是要教机器像人一样思考，相反，它是把数学算法运用到海量数据上来预测事情发生的可能性。"舍恩伯格写道。

五 公司的力量

亚 马 逊

亚马逊图标

精准的推荐、心仪的价格、充足的库存以及高效率的配货，在你还未下单之前，亚马逊早已使用"读心术"作出预测，为你计划好一整套井井有条的购物体验。作为鼻祖，二十几年来依然占领着电商界前几名位置，亚马逊自家的大数据系统是当之无愧的大功臣。

"数据就是力量"是亚马逊的成功格言。在 20 年前互联网慢得像蜗牛的时候，亚马逊创始人贝索斯以其独有的远见看见了其中的商业模式，并提出以客户体验为关键的"飞轮理论"。亚马逊既作为电商平台又作为科技公司，利用数据模型和大数据，分析百万级别的采购记录、历史行为、购买行为之间的关联性和购买偏好，同时建立客户的人群模型，更加深入了解客户需求和喜好，帮助客户快速地买到想要的产品，提升购物体验，并且和客户建立长期或者终生的用户关系。如今，亚马逊网站几乎囊括了任何人们想买到的东西，极大地冲击了传统零售业的发展。

2016 年起，亚马逊开设了实体零售店业务 Amazon Go。通过使用计算机视觉、传感器和深度学习技术，Amazon Go 可以提供新的线下购物新模式。用户走进亚马逊的实体商店，登陆 Amazon Go 应用，购物之后可以直接离开商店，而不必排队等候付钱。原本是以网络卖书起家的亚马逊，陆续涉足云端业务、消费电子产品、数字影音制作、电子书出版等，如今又回头拥抱实体零售，为何它想要进入这个领域？其中一个理由是，依然有大量顾客偏爱在实体店中购物。亚马逊向来以尝试新鲜事物闻名，它将利用其技术和大量用户数据开发出新的店内购物方式，打造虚实融合的消费体验。亚马逊正在为实体店战略进行各种各样雄心勃勃的实验，如果这些实验能够成功，将对整个零售业实体店的经营模式产生巨大的影响。

 问与答

1. 大数据到底有多大?

在互联网行业"大数据"是指互联网公司在日常运营中生成、累积的用户网络行为数据。这些数据的规模非常庞大,以至于不能用 G 或 T 来衡量。

大数据到底有多大,一组名为"互联网上一天"的数据可以告诉我们。

一天之中,互联网产生的全部内容可以刻满 1.68 亿张 DVD;

发出的邮件有 2940 亿封之多(相当于美国两年的纸质信件数量);

发出的社区帖子达 200 万个(相当于《时代》杂志 770 年的文字量);

卖出的手机为 37.8 万台,高于全球每天出生的婴儿数量 37.1 万……

截至到 2012 年,数据量已经从 TB(1024GB=1TB)级别跃升到 PB(1024TB=1PB)、EB(1024PB=1EB)乃至 ZB(1024EB=1ZB)级别。IBM 的研究称,整个人类文明所获得的全部数据中,有 90% 是过去两年内产生的。到 2020 年,数据规模将达到今天的 44 倍。每一天,全世界会上传超过 5 亿张图片,每分钟有 20 小时时长的视频被分享。然而,即使是人们每天创造的全部信息——包括语音通话、电子邮件等在内的各种通信,以及上传的全部图片、视频与音乐,其信息量也无法与每一天所创造出的关于人们自身的数字信息量相比,并且这样的趋势还会持续下去。

2. 大数据从哪里来?

大数据时代,不再像收集传统数据那样预先设定目标,而是把所有能够收集到的数据收集起来,经过分析后,能够得到什么结论就是什么结论,这样的大数据分析常常带来很多意想不到的惊喜,使人觉得计算机变得很聪明。

当数据变得越来越有价值时,一些公司和个人开始想办法收集用户数据,快速兑换价值,例如创建一个新公司或 APP,然后直接卖掉公司或者后台数据。实际上这样刻意收集的数据意义并不大,因为收集数据的过程会引起用户的警觉,导致数据不全面或变形。真正高明的公司会像微软、苹果和谷歌那样采用

曲线救国的方法，例如谷歌为推出基于手机的语音识别系统 Google Voice，需要大量的语音数据，它并没有采用找人来录入数据的方式，而是先推出一个类似玩具的电话语音识别系统 Google-411，很多人出于试验和好玩的目的打了这个电话，无意中为谷歌提供了大量的电话录音。

数据收集的方法多种多样，但无论哪种方法都应保证数据的全面和不变形。

3. 大数据真正的价值在哪里？

大数据作为一种资源，在"沉睡"的时候是很难创造价值的，需要通过数据挖掘发现其价值。使用大数据，相当于"沙中淘金"，不经过处理的原始数据给不出新知识，也难以有可利用的价值。在谷歌，至少有四成的工程师每天在处理数据，然后通过数据得到新知识，通过新知识使计算机变得更加智能。在人工智能领域里让人印象最为深刻的是机器学习。机器学习是人工智能的一个分支，它的基本理念是，把关于某个问题的一堆数据扔给计算机，让计算机自己找出解决方案，而不是教计算机应该做什么。举例来说，20 世纪 50 年代 IBM 的计算机科学家亚瑟·塞缪尔想玩跳棋，因此写了玩跳棋的程序，这样他可以和计算机来玩，开始他下一盘赢一盘，因为计算机只知道规则允许怎样走，而亚瑟·塞缪尔知道下棋的策略。接着，他又写了一个附加程序，让计算机收集数据，改善棋艺。当计算机收集的数据越来越多时，他下一盘输一盘，机器的能力超越了亚瑟开始时所教给它的。如今，机器学习是许多网上在线应用的基础，例如搜索引擎、电脑智能翻译、语音识别系统等，这些都是通过技术实现大数据价值的实例。

4. 大数据时代，人的隐私在哪里？

1995 年，欧盟出台的隐私法将"个人资料"定义为可以直接或间接识别一个人的信息。当时立法者考虑的是那些带有身份标识号的文件资料之类的东西，可以得到保护。如今，"个人资料"这一定义所包含的内容已经远远超出当年那些立法官员的想象。

个人的交友圈、上网偏好、购物喜好等，都随时随地因获取服务的需要上传到云端，同时人们无法知道云端数据被如何使用。每天所接收到的垃圾信息，只是反映个人信息泄露的一个窗口，而泄露的程度人们并不清楚。即使有法律的约束，其重点也只是在于权利受侵犯后的责任追究。面对大数据时代"防不胜防"的个人信息泄露，自我保护是重要的前提。建议安装应用时要仔细检视应用权限，审慎提供第三方授权，慎用自动同步功能。切忌一组账号密码行遍天下的行为，尤其是银行账户和普通网站一定要区分开来。

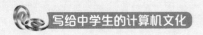

第二节　人工智能

　　说到人工智能，你的脑海里会出现什么？是打败李世石的 AlphaGo（阿法狗）？还是电影《机械姬》中美貌的人形机器？事实上，人工智能已经来了，而且它就在我们身边，几乎无处不在。当下的生活已经被人工智能包围，只是有时我们并不知道。

 时间线

人工智能发展阶段

1980—1987 年　繁荣阶段
人工智能及其他领域达
到第一次高峰

1956—1974 年　探索阶段
机器学习、神经网络、人
工智能领域得到探索与
突破

1993—2010 年　技术突破
Hinton提出深度学习大
数据云计算等基础技术
得到发展

1950—1956 年　诞生阶段
图灵测试提出
达特茅斯会议标志人工
智能的诞生

1987—1993 年　第二次低谷
AI硬件市场需求下降，发
展方向模糊，战略计算促
进会大幅缩减对AI的投资

1974—1980 年　第一次低谷
计算能力突破没能使机器
完成大规模数据训练和复
杂任务，政府及资助机构
停止对AI研究的赞助

2010—至今　黄金发展
深度学习的基础技术已养
成，互联网大亨争相布局

无处不在的人工智能

抛开人工智能就是人形机器人的固有偏见，打开手机。下图呈现了一部典型手机应用程序，或许你想不到，人工智能技术已经是手机许多应用的核心技术。下面将通过活动体验与人工智能相关的应用程序。

智能出行 ➡️  ⬅️ 机器翻译

⬅️ 智能助理

智能物流 ➡️ ⬅️ 智能搜索

某手机界面

活动 1 新一代搜索引擎

通过新一代搜索引擎体验人工智能技术。

（1）打开手机中的浏览器，例如，苹果手机的 Safari 浏览器，输入搜狗网址。

（2）在搜索栏中输入"刘邦几岁当皇帝"，搜狗结果页的第一个搜索结果会呈现"54 岁"的信息。

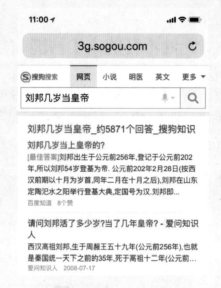

搜索"刘邦几岁当皇帝"的显示结果

（3）使用手机上不同的搜索引擎，尝试提问"阿童木几岁了"等问题。查看不同搜索引擎显示的搜索结果。思考不同的搜索结果说明了什么。

　　虽然搜索引擎的外表 20 年来几乎一成不变，人们已经习惯在数不清的网页列表中，寻找所需要的答案，但是随着人工智能技术在语音识别、自然语言理解、个性化推荐等领域的进步，搜索引擎将变得越来越聪明！

活动2 智能助理

通过智能助理体验人工智能技术。
（1）在手机中下载并打开微软智能助理应用程序，进入应用程序界面。

微软智能助理应用程序界面

（2）点击对话按钮 ，准备与微软智能助理对话。

（3）点击"按住说话"和微软智能助理开始一段有趣的对话，例如，"你吃早饭了吗？""比尔盖茨是谁？"。

与微软智能助理对话界面

提示板

智能助理，顾名思义是帮助用户完成任务或实现服务的虚拟助理。从输入方式看，智能助理有语音输入和文字输入，技术上的区别是语音输入要做语音识别，将之转换成文字。像微软智能助理这样的应用程序有很多，例如苹果公司的 IOS 语音助理 Siri、谷歌发布的 Google Now、亚马逊开发的可以和用户聊音乐的智能音箱 Echo 等。

活动3 机器视觉

通过机器视觉体验人工智能技术。

（1）在手机中下载并打开"形色"应用程序，进入"鉴别植物"界面。

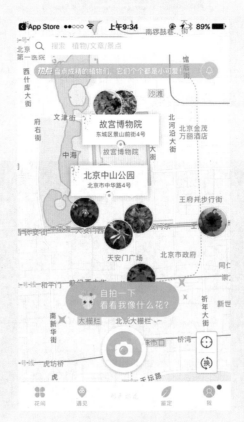

"形色"应用程序界面

（2）拍照，上传植物照片。

（3）查看该植物花名和寓意等。

富贵竹

炫耀一下

一束富贵瓶中立，根深叶茂浓绿意 ∨

"形色"应用程序识别植物显示结果

富贵竹

一束富贵瓶中立，根深叶茂浓绿意

诗词赏花

木欣欣以向荣，泉涓涓而始流。

善万物之得时，感吾生之行休。

——陶渊明《归去来兮辞》

一花一语

一植富贵竹，携来富贵意。富贵竹就和它的名字一样，代表着花开富贵，平安吉祥。

一花一名

富贵竹又叫万年竹、开运竹、富贵塔。光听这些名字，就已经想到它的意思了。很多人将富贵竹当成家居饰品的不二选择，毕竟，谁不愿意富贵好运

是此花　　领取植物卡片

"形色"应用程序显示植物相关信息

提示板

机器视觉是人工智能正在快速发展的一个分支。简单来说，机器视觉就是用机器代替人眼来做测量和判断。机器视觉包括人脸识别、图像和视频中的各种物体识别、场景识别、地点识别等。你觉得"形色"应用程序是哪种类型的识别呢？还有哪些应用程序运用这种技术呢？

三 概述

人工智能

虽然人工智能的概念在科幻小说中由来已久，但其理论基础直到 20 世纪

50 年代初才得以建立。人工智能发展到今天走过了 60 多年，经历了两次起伏，今天人们已经清醒地认识到，人工智能的发展必将会像水和电一样深入到生活的方方面面。《时代》杂志 2016 年预测，到 2045 年，全球的人工智能会取代50% 的工作。人工智能究竟是什么呢？为什么人工智能具有真正改变社会生活方方面面的能力呢？

人工智能的定义

人工智能（Artificial Intelligence，AI）是一门综合了计算机科学、生理学、哲学等的交叉学科。从字面可以解读出两层含义：一是"人工"，二是"智能"。"人工"非常好理解，指的是经过人类活动创造出来的成果，但是"智能"是什么呢？这其实是一个非常难以准确描述的概念。事实上直至今日，人类对于到底什么是智能还知之甚少。"人工智能"一词最初是在 1956 年美国计算机协会组织的达特茅斯学术会议上提出的。由于智能概念的不确定，因此人工智能的概念没有统一的定义。对于人工智能，我们只能定义为研究、开发用于模拟、延伸和扩展人类智能的理论、方法、技术及应用系统的一门技术科学。

图灵测试

图灵测试一词来源于计算机科学和密码学的先驱图灵写于 1950 年的一篇论文《计算机器与智能》。图灵在 1950 年设计出这个测试，其主要思想是，如果计算机能在 5 分钟内回答由人类测试者提出的一系列问题，且其超过 30%的回答让测试者误认为是人类所答，则计算机通过测试。

图灵还亲自为这项测试拟定了几个示范性问题。

问：请给我写出有关"第四号桥"主题的十四行诗。

答：不要问我这道题，我从来不会写诗。

问：34957 加 70764 等于多少？

答：（停 30 秒后）105721

问：你会下国际象棋吗？

答：是的。

问：我在我的 K1 处有棋子 K；你仅在 K6 处有棋子 K，在 R1 处有棋子 R。轮到你走，你应该下哪步棋？

答：（停 15 秒钟后）棋子 R 走到 R8 处，将军！

图灵指出："如果机器在某些现实的条件下，能够非常好地模仿人回答问题，以至提问者在相当长时间里误认它不是机器，那么机器就可以被认为是能够思维的。"

从表面上看，要使机器回答按一定范围提出的问题似乎没有什么困难，可以通过编制特殊的程序来实现，然而，如果提问者并不遵循常规标准提问，编制回答的程序是极其困难的事情。例如，提问与回答呈现出下列状况。

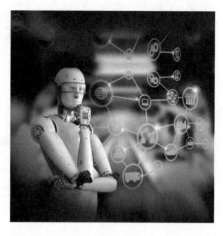

人工智能

问：你会下国际象棋吗？

答：是的。

问：你会下国际象棋吗？

答：是的。

问：请再次回答，你会下国际象棋吗？

答：是的。

你多半会想到，面前的这位是一部笨机器。如果提问与回答呈现出另一种状态。

问：你会下国际象棋吗？

答：是的。

问：你会下国际象棋吗？

答：是的，我不是已经说过了吗？

问：请再次回答，你会下国际象棋吗？

答：你烦不烦，为什么老提同样的问题？

那么，你面前的这位，大概是人而不是机器。上述两种对话的区别在于，第一种可明显地感到回答者是从知识库里提取简单的答案，第二种则具有分析综合的能力，回答者知道观察者在反复提出同样的问题。"图灵测试"没有规定问题的范围和提问的标准，如果想要制造出能通过试验的机器，必须在计算机中储存人类所有可以想到的问题和这些问题的所有合乎常理的回答，并且还需要机器理智地作出选择。

2014年6月7日是图灵逝世60周年纪念日。这一天，在英国皇家学会举行的"2014图灵测试"大会上，一款名为尤金·古斯特曼（Eugene Goostman）

通过图灵测试的聊天机器人尤金·古斯特曼

的聊天机器人伪装成一个用第二语言沟通的 13 岁男孩儿，"通过"了图灵测试。

深度学习

深度学习是一个在近几年火遍各个领域的词汇，似乎所有的算法只要跟它扯上关系，就会瞬间显得高端。其实，从 2006 年加拿大多伦多大学教授欣顿（Hinton）在顶尖学术刊物《科学》杂志发表论文算起来，深度学习发展至今才不到 10 年。那么究竟什么是深度学习呢？深度学习是一种机器学习，目的在于通过建立模拟人类大脑解释数据的机制，从而利用计算机进行图形识别、语音识别、文本分析等。

2014 年，谷歌收购了英国深度学习初创公司 DeepMind。DeepMind 研发出了 AlphaGo，为了验证 AlphaGo 的算法执行能力，他们让 AlphaGo 玩电子游戏，后来又让 AlphaGo 下围棋，在这个过程中他们发现 AlphaGo 的技术越来越高超。当证明了深度学习在实验室和游戏竞赛中很有效果之后，谷歌将这项技术推向了更多的服务领域。例如，在图像识别领域，可对互联网上的数百万张图片进行分类，为用户提供更准确的搜索结果；在语言处理领域，AI 语音识别助手运用深度学习神经网络来学习如何更好地理解语音指令和问题；在翻译服务领域，新的谷歌神经机器翻译系统可以将一切任务都转移到深度学习环境中。

弱人工智能、强人工智能和超人工智能

按照实力，人工智能目前大概可以分为弱人工智能、强人工智能、超人工智能三个等级。

弱人工智能（Artificial Narrow Intelligence，ANI）指仅善于在单个领域作业的人工智能程序。例如战胜李世石的 AlphaGo 便是弱人工智能的典型代表。再如腾讯、新华社等尝试的"机器人记者"，这些报道机器人已经可以自动生成新闻内容，且具有超快的计算和搜集能力，具备能分分钟完成 1000 多字文章的本事。当然报道机器人还不能够撰写更具有深度的、更有趣的新闻报道。

强人工智能（Artificial General Intelligence，AGI）指能够达到人类级别的人工智能程序。强人工智能可以像人类一样应对不同层面的问题，而不仅仅只是下围棋、写报道。不仅如此，它还具有自我学习、理解复杂理念等多种能力。因此，强人工智能程序的开发比弱人工智能要困难很多。全球范围内，在强人工智能领域，也有一些公司和研究机构在探索，例如 IBM 的沃森项目；谷歌发布的 AutoML 项目，这个项目的目的是帮助人类创建其他的 AI 系统。

超人工智能（Artificial Super Intelligence，ASI）：牛津大学哲学家、未来学家尼克·波斯特洛姆在他的《超级智能》一书中，将超人工智能定义为在科学创造力、智慧和社交能力等每一方面都比最强的人类大脑聪明很多的智能。他为我们勾勒了这样一副图景：它拥有能够准确回答几乎所有问题，能够执行任何高级指令和开放式任务，而且拥有自由意志和自由活动能力的独立意识。显然，对今天的人来说，这还只是一种存在于科幻电影中的想象场景。

四 走进名人堂

沃 森

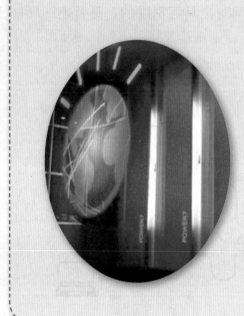

IBM 沃森（Watson）是一位数据"专家"，在如今的企业领域已确立了自己的名号。他拥有闪电般的思维和极强的学习能力，会说八种语言，并在多个方向上具备深入理解能力。他还拥有一套堪称典范的工作思路，阅读速度极快，是一位全方位发展的通才。此外，他具备信息分析、自然语言处理和机器学习领域的大量技术创新能力，能够助力决策者处理大量非结构化数据。

2007 年，以公司创始人 Thomas J. Watson 名字命名的计算机沃森正式诞生，它当时仅属于 IBM 研究部门开发的问答系统的一个组成部分，而这套系统的终极目标是参加美国电视问答节目"危险边缘（Jeopardy）"。

2011 年 2 月，沃森以绝对优势战胜了"危险边缘"节目最长连胜纪录保持者肯·詹宁斯（Ken Jennings）和单人"危险边缘"参赛者中累计奖金最高的选手布拉德·鲁特（Brad Rutter）。

沃森的对手：肯·詹宁斯和布拉德·鲁特

沃森由 90 台 IBM 服务器、360 个计算机芯片驱动组成，是一个有 10 台普通冰箱那么大的计算机系统。它拥有 15TB 内存、2880 个处理器，每秒可进行 80 万亿次运算，这些服务器采用 Linux 操作系统。IBM 还为沃森配置了 Power 7 系列的处理器。沃森存储了大量图书、新闻、电影剧本、辞海、文选和《世界图书百科全书》等数百万份资料。每当"读"完问题后，沃森就在不到 3 秒钟的时间里对自己的数据库"挖地三尺"，在长达 2 亿页的漫漫资料里展开搜索。自沃森 2011 年战胜人类选手之后，它的功能已经得到显著扩展。2014 年，IBM 公司建立起专门的沃森事业部，其全球总部位于纽约市，主要负责这项技术的推广与商业化工作。

　　回顾当初，沃森还仅仅拥有单一核心能力，即以自然语言回答由人类提出的问题。现如今，沃森已经能够跨越语言、语音、视觉及数据分析等范畴提供数十项服务。沃森目前使用总计约 50 项技术，其中包括机器学习、深度学习、神经网络、自然语言处理、计算机视觉、语音识别与情绪分析等多项人工智能相关技术。

五　公司的力量

科 大 讯 飞

科大讯飞与人工智能

　　当你想给一个外国朋友打电话但无法用外语跟他交流时，怎么办？当手机来电而你却双手负重无法接电话时，又该怎么办？这时你是否会想到使用一款

即时翻译软件或一个语音识别交互软件来解决这些棘手的问题呢？科大讯飞就是这样一家致力于解决这些难题的高科技公司。从十几年前由大学生所创立的小作坊到现在专门从事智能语音及语言技术研究的国家级骨干软件企业，科大讯飞给中国语音界带来很多技术创新，但企业发展由弱到强，背后的艰辛与坚持并不为大家所知。

1999 年，由中国科学技术大学毕业生组成的创业团队创立科大讯飞，中文语音产业由此起飞。2008 年，科大讯飞成为中国语音产业界第一家上市公司，并夺得国际英文合成大赛 2006 ~ 2008 年三连冠。据说，这些大赛的竞争对手都是谷歌、IBM、微软等国际巨头。现在，科大讯飞已经成为一家专业从事智能语音及语言技术、人工智能技术研究、软件及芯片产品开发、语音信息服务及电子政务系统集成的软件企业。

创始人

科大讯飞创始人刘庆峰 1990 年考入中国科学技术大学，1998 年获通信与电子系统专业硕士学位。1999 年，博士二年级的刘庆峰召集起同一实验室的一帮师弟以及科大 BBS 最优秀的版主，加上中科大的投资，搭建起科大讯飞最早的班底。要让计算机"能听会说"，要将语音技术产业化是刘庆峰创办公司前给导师王仁华（中国语音界非常有名的泰斗级老教授）提出的设想之一。在计算机还未普及的时代，这样的想法几乎是异想天开。刚开始创业的时候非常艰难，没有钱、市场和资源背景，纯属草根创业。

2004 年，公司用了 5 年的时间终于扭亏为盈，开始进入发展的快车道。2006 年之后，科大讯飞的语音合成技术和语音识别技术陆续在多个国际专业大赛获得大奖。2008 年，科大讯飞成功登陆 A 股中小板，成为全国在校大学生创业首家上市公司。在刘庆峰的带领下，讯飞优秀的产品和解决方案推动语音技术走入社会生活的方方面面，不仅在电信、银行、社保、交通等各行业得到广泛应用，还在通信安全、汉语国际推广、双语教学等领域得到重要应用。

科大讯飞图标

核心技术

语音是人类沟通和获取信息最自然便捷的手段和方式，也是文化的基础和民族的象征。而智能语音及语言交互技术可以应用在社会生活的方方面面，拥有广阔的产业化前景，尤其在军事、教育、汉语国际推广等重要战略领域，有广泛应用和重大推广意义。因此，该技术及其产业一直是国内外竞争的热点和焦点。

科大讯飞在智能语音核心技术研究领域，致力于建立智能语音及语言核心技术应用产业化两大方面的竞争力，公司提供国际领先的语音及语言整体解决方案，推出符合国家和社会需求的智能语音及语言技术产品及应用服务。核心技术主要包括语音识别技术、语音合成技术、自然语言理解技术、语音评测技术、声纹语种技术、手写识别技术等。

六 问与答

1. 人工智能距今60多年，为什么到现在才开始显示出蓬勃发展之势？

1956 年夏天在美国达特茅斯大学召开的学术会议在多年以后被认定为全球人工智能研究的起点。2016 年的春天，一场 AlphaGo 与世界顶级围棋高手李世石的人机世纪对战，把人工智能浪潮推向新高。"人工智能"一词诞生距今已有 60 年了，为什么最近几年才迎来它的时代？

一是标志性事件。例如，2016 年 AlphaGo 战胜世界围棋冠军，激起人们对于人工智能与人类关系的探讨，能够强烈感觉到"所有人都在谈论人工智能"，但其实在 20 世纪 90 年代，IBM 的深蓝也曾让人惊叹不已。

二是一些大型科技公司愿意将自己的最新成果开源，带动整个行业的技术增速，催生出一批新的进入者。整个人工智能的发展过程都处在这样的模式之中，技术在不同时期扮演着推动人工智能发展的不同角色。除了技术推动发展，市场也在发挥作用。虽然 AlphaGo 下棋很小众，但是技术的应用重在举一反三。例如下棋的本质是一种博弈，如果开发成多人博弈，就可以应用于模拟股票交易。

三是现在的资金、硬件支持能跟上人工智能发展，且成本低，所以实际投入的应用自然就多了。

综上所述，人工智能能有蓬勃发展之势，主要因为技术、人才、市场三个方面时机成熟，这是综合因素共同作用的结果。

2. 人工智能领域国际和国内有哪些超级玩家？

在国际上，以IBM、微软、谷歌、脸书为代表的美国巨头公司已经开始深入科技无人区。这些公司技术和业务各有所长，面向的用户也不同，但它们的目标一致：把人工智能机器做大、做强、做没。

今天可以代表IBM在人工智能领域最高技术水平的，是不断进化中的沃森系统和已经可以量产的人脑模拟芯片。沃森开始为IBM创造利润。法国农业信贷银行预测，沃森系统创造的收入将在2018年占IBM总收入的12%以上。

微软的人工智能研究方向比较广泛。微软研究院拥有超过1000位科学家，在包括深度学习的多个领域的技术布局中处于世界顶端。微软不仅将人工智能技术应用于如Windows、Azure等核心业务中，还构建开放的平台，将多年的技术积累开放给产业界，它的目标是打造一个人工智能生态圈。

谷歌一方面做底层人工智能技术的积累，研发更加高级的深度学习算法，增强图形识别和语音识别能力；另一方面布局包括智能家居、自动驾驶、机器人等在内领域。这两个方面相互作用，前者为后者带来基础技术支撑，后者为前者提供数据和反馈。另外，谷歌在无人驾驶汽车领域的技术积累，已经远远超过传统汽车厂商和其他互联网公司。

脸书将人工智能视为未来发展的三大方向之一，它天然拥有全球范围内的海量社交数据，并在基础科学的方向上进行不遗余力的研究。

在国内，阿里巴巴、百度、腾讯三家企业在人工智能领域各有其代表产品：百度的代表产品有机器人助理"度秘"以及广泛应用人工智能技术的无人驾驶车；阿里巴巴的代表产品有人工智能平台"DTPAI"和客服机器人平台；腾讯的代表产品有视觉识别平台、优图、智能计算与搜索实验室和撰稿机器人Dreamwriter。

百度是三家中首先完成有关人工智能技术体系整合的公司。目前，百度研究院、百度大数据、百度语音和百度图像等技术都已归入人工智能技术体系。百度是IBM研究院列入竞争列表的唯一的中国公司。百度大脑是百度在人工智能领域的核心，百度此前发布的诸多人工智能产品，如无人驾驶、智能搜索等，都是基于百度大脑的能力。

阿里巴巴从 2011 年开始布局互联网医疗，投资收购和战略合作的公司数以百计。围绕医院、医保、医药做了大量布局。阿里云也是目前世界上最接近亚马逊云服务的云计算平台。在有关未来的布局中，阿里云的主导地位清晰，阿里云的人工智能研究分散在其各个业务分支之中。

腾讯的人工智能布局，以即时通讯和社交网络服务业务为基础。例如语音识别主要是在微信部门，图片识别主要应用于 QQ，人脸识别主要是在支付和金融业务方面，自然语言识别主要是在搜索部门。

3. 目前人工智能发展存在哪些瓶颈?

随着近年来人工智能技术的突飞猛进，众多围绕人工智能技术的企业走到了台前，但专家们也承认，还有不少瓶颈有待突破。

一是过度依赖大数据和大计算。想让机器像人类那样思考，就必须给它大量数据。依赖大数据、大计算，导致现阶段很多人工智能过于重量级，未来应当有更多轻量级的人工智能产生。

二是当下人工智能做出的决策还不可预测。例如无人驾驶超越人的准确率是很可能的，但难点在于你不知道它什么时候会撞墙，因为这是机器从数据中学习得来的，背后的逻辑并不清晰。

三是行业生态还不成熟。人工智能的一些技术专利主要掌握在大公司手中，数据资源难以全面放开。在一些传统行业中，数据积累的规范程度和流转效率，还远远达不到能够发挥人工智能技术潜能的程度。

四是就国内而言，人才储备方面还相对薄弱。来自领英的数据显示，全球范围内，人工智能专业人才有 195 万，中国只占 2%，排名第七。

4. 人工智能会取代人类吗?

人类制造机器人并不是用来代替人类，而是来帮助人类、延伸人类的能力。机器人是人造的，需要人去维护，而机器人有很多能力是人所不及的，例如一些危险环境，人不能去，机器人可以去。机器人在很多未知和复杂的危险环境（如地震环境），无法做出正确的决策，这时就需要有丰富经验与知识的人类与它合作，共同完成任务，因此人与机器人是合作的关系。

2017 年 1 月，在加利福尼亚州阿西洛马的 Beneficial AI 会议上，来自全球

2000 多人，包括 844 名人工智能和机器人领域的专家联合签署了 23 条阿西洛马 AI 发展原则，呼吁全世界在发展人工智能的同时严格遵守这些原则，共同保障人类未来的利益和安全。

阿西洛马 AI 原则分为三大类 23 条。第一类为科研问题，共 5 条，包括研究目标、经费、政策、文化及竞争等；第二类为伦理价值，共 13 条，包括人工智能开发中的安全、责任、价值观等；第三类为长期问题，共 5 条，旨在应对人工智能造成的灾难性风险。

阿西洛马人工智能原则是人类进入人工智能时代的重要宣言，是指导人类开发安全人工智能的重要指南，受到了人工智能行业和公共知识分子的广泛支持。

感谢

　　感谢学校信息科技教研组全体教师对本书工作一如既往的支持。书中第二章内容由王丽丽老师提供，第三章由王奇伟老师提供，第四、五章由王鸣九老师提供，第六章由刘毅然老师提供，陈勇老师负责本书的总体思路设计和其余部分撰写以及全书的统稿工作。感谢上海市信息科技教研员张汶老师对书稿提出非常有价值的建议。感谢上海科技教育出版社凌玲老师和胡杨老师对推动计算机文化的热情关注。同样感谢 Google 公司，特别是朱爱民先生对本书提供的大力支持。同时，本书在内容材料的搜集、整理过程中，除了参考专业书籍，也引用了部分网上的新闻、评论，考虑到内容较为零碎，且多数联系不到原作者，在此一并致谢。